凡例

（一）本書定名素食譜。爲提倡實行素食主義之實際專書。與本局所出之素食救生理論一書。相輔而行。

（二）本書體例。概分五輯、第一輯爲冷盆類。第二輯爲熱炒類。第三輯爲小湯類。第四輯爲大湯類。第五輯爲點心類。

（三）本書材料。務求適合衛生。每輯分五十種。每種分作料。用具。方法。附注四段、作料專述材料之分量。用具專述器具之名稱、方法專述製造食品之方法。附注專述特別注意之事項。

（四）本書由編者。以年來主張素食衛生。實習時之經驗。編纂而成。選付著家庭食譜。遍嘗各味。深知肉食之美。實遠遜於素食多多也。謂余不信。用質古今中外之嗜味者。

素食譜 二

素食譜目錄

第一輯　冷盆類

第一種　醃白筍
第二種　玉堂菜
第三種　拌麪筋
第四種　醃泡菜
第五種　醃荳腐
第六種　醃荳腐乾
第七種　拌黃瓜片
第八種　醃膠菜
第九種　醃蘿蔔絲
第十種　醃洋胡蘿蔔
第十一種　拌粉皮
第十二種　醃馬蘭頭
第十三種　醃黃荳芽
第十四種　醃磨腐
第十五種　醃蠶荳瓣
第十六種　拌洋菜
第十七種　醃茭白
第十八種　醃芹菜
第十九種　醃蓬蒿
第二十種　醃萵苣筍
第二十一種　醃草頭
第二十二種　醃紅花

素食譜　二

第二十三種　醃百葉
第二十四種　茅荳莢
第二十五種　醃乳腐
第二十六種　炙荳腐乾
第二十七種　糟乳腐
第二十八種　醬乳腐
第二十九種　醃油菜梗
第三十種　拌青菜
第三十一種　醃西瓜皮
第三十二種　搶筍
第三十三種　醃榨菜
第三十四種　拌茄子
第三十五種　拌刀荳
第三十六種　醃枸杞頭
第三十七種　醃灰料頭
第三十八種　燒沿籬荳
第三十九種　燒長荳
第四十種　拌絲瓜
第四十一種　素炙骨
第四十二種　素鱔魚
第四十三種　荳腐鬆
第四十四種　蘿蔔鬆
第四十五種　醃素皮蛋
第四十六種　醃香菜梗
第四十七種　拌菜梗
第四十八種　醃白菜梗
第四十九種　荳腐生
第五十種　湯青蒜

第二輯　熱炒類

第一種　炒蘇菇
第二種　炒冬菰
第三種　炒三鮮
第四種　炒素肉
第五種　炒素雞
第六種　炒素鵝
第七種　炒素鴨
第八種　炒素肉圓
第九種　炒素海參
第十種　炒素鱔絲
第十一種　炒十錦
第十二種　炒粉皮
第十三種　炒芹菜
第十四種　炒辣茄
第十五種　炒新蠶荳子
第十六種　炒蠶荳瓣
第十七種　炒青菜
第十八種　炒東瓜
第十九種　炒白菜
第二十種　炒茭白
第二十一種　炒蘿蔔絲
第二十二種　炒葱荳腐
第二十三種　炒麻腐
第二十四種　炒茄子
第二十五種　炒雪笋
第二十六種　炒夏大蒜

素食譜 四

第二十七種 炒莧菜
第二十八種 炒榨菜
第二十九種 炒芥藍菜
第三十種 炒芥菜
第三十一種 炒菠菜
第三十二種 炒百葉
第三十三種 炒茼蒿菜
第三十四種 炒筍絲
第三十五種 炒腐乾
第三十六種 炒韭菜
第三十七種 炒番瓜
第三十八種 炒荳腐衣包素
第三十九種 炒玉蜀黍梗
第四十種 炒麪筋包素
第四十一種 炒百葉包素
第四十二種 炒荳腐乾絲
第四十三種 炒荳瓣酥
第四十四種 炒素蟹
第四十五種 炒素肉絲
第四十六種 炒素腰腦
第四十七種 炒冬筍
第四十八種 炒香菜
第四十九種 炒素肉餅子
第五十種 炒素包圓

第三輯 小湯類

第一種 蔴菇雞
第二種 香菌鴨

第三種　蔴菇湯
第四種　英玉湯
第五種　冬菰湯
第六種　葛仙米湯
第七種　鮮菌湯
第八種　菠菜豆腐羹
第九種　燒湯三鮮
第十種　燒乾三鮮
第十一種　黃瓜塞豆腐
第十二種　冬菰雞
第十三種　三絲湯
第十四種　冰豆腐湯
第十五種　素薺菜肉絲羹
第十六種　菠菜湯
第十七種　燒腐丸
第十八種　燒素捲
第十九種　燒素腰片
第二十種　蘿蔔湯
第二十一種　小燒豆腐
第二十二種、冬筍湯
第二十三種　蓴菜湯
第二十四種　茅豆子湯
第二十五種　油豆腐湯
第二十六種　水豆腐花湯
第二十七種　蓴菜豆腐湯
第二十八種　蘆筍湯
第二十九種　扁尖湯
第三十種　冬菜湯

第三十一種　榨菜湯
第三十二種　香菌湯
第三十三種　素湯卷
第三十四種　素肉丸湯
第三十五種　細粉湯
第三十六種　海帶絲湯
第三十七種　荳腐衣湯
第三十八種　絲瓜湯
第三十九種　人參條湯
第四十種　香菜湯
第四十一種　素鵝湯
第四十二種　荳腐乾湯
第四十三種　雪筍湯
第四十四種　蘑菇荳腐湯
第四十五種　香菌荳腐湯
第四十六種　木耳湯
第四十七種　茅荳子羹
第四十八種　荳腐鬆湯
第四十九種　粉皮鬆湯
第五十種　蘿蔔鬆湯

第四輯　大湯類

第一種　燒素獅子頭
第二種　荳腐湯
第三種　燒八寶素肉丸
第四種　杏仁荳腐羹
第五種　荳葉羹
第六種　素狀

目錄

第七種　素雞湯
第九種　燒素雞
第十一種　燒素蹄胖
第十三種　人參八寶湯
第十五種　莧玉湯
第十七種　刺參湯
第十九種　蔴菇香菌湯
第二十一種　蔴菇荳腐湯
第二十三種　紅燒麫筋
第二十五種　素魚塊
第二十七種　紅燒素海參
第二十九種　燒素鱔和
第三十一種　冬菰湯
第三十三種　燒紅棗
第八種　燒素三鮮
第十種　薺菜羹
第十二種　紅燒山藥
第十四種　蔴菇湯
第十六種　燒羅漢
第十八種　甜菜
第二十種　大燒荳腐
第二十二種　燒神仙茄
第二十四種　紅燒腐乾
第二十六種　素栗子雞
第二十八種　清筍湯
第三十種　大燒茄子
第三十二種　雜色湯
第三十四種　油麫筋湯

第三十五種 素米鴨
第三十六種 燒葱椒芋艿
第三十七種 水豆腐花湯
第三十八種 榨菜湯
第三十九種 粉皮湯
第四十種 燒油包子
第四十一種 絲瓜湯
第四十二種 三鮮湯
第四十三種 紅燒東瓜
第四十四種 紅燒白菜
第四十五種 木耳茅豆羹
第四十六種 燒豆腐乾絲
第四十七種 燒青蠶豆子
第四十八種 豆瓣湯
第四十九種 燒豇豆
第五十種 冬菰豆腐湯

第五輯 點心類

第一種 咖啡茶
第二種 檸檬茶
第三種 松子茶
第四種 清涼茶
第五種 炒米茶
第六種 風米茶
第七種 菊花茶
第八種 橄欖茶
第九種 荷蘭水
第十種 菓子露

第十一種　荸薺炙
第十二種　榛栗羹
第十三種　蓮子凍
第十四種　杏仁冰
第十五種　炸山楂
第十六種　汆桃片
第十七種　菊花片
第十八種　蓮花片
第十九種　玉蘭片
第二十種　山藥糕
第二十一種　八寶飯
第二十二種　一品饅
第二十三種　炒麪
第二十四種　燒賣
第二十五種　麪酪湯
第二十六種　楂酪湯
第二十七種　荔枝羹
第二十八種　黑豇荳漿
第二十九種　檸檬露
第三十種　荳腐漿
第三十一種　橘酪湯
第三十二種　茄絲餅
第三十三種　煨熟藕
第三十四種　刺毛糰
第三十五種　荸薺糕
第三十六種　蕓荳湯
第三十七種　一捻酥
第三十八種　玫瑰堆

素食譜

第三十九種　細絲糕
第四十種　藕粥
第四十一種　炒年糕
第四十二種　山芋片
第四十三種　茨菇片
第四十四種　汆巢肉
第四十五種　月餅
第四十六種　春卷
第四十七種　水餃子
第四十八種　煎糰
第四十九種　粽子
第五十種　蛋糰

素食譜目錄終

素食譜

第一輯　冷盆類

第一種　醃白筍

作料

白筍一斤。　醬油二兩。　白糖一兩。　蔴油一兩。

用具

鍋一只。　爐一只。　厨刀一把。　洋盆一只。

方法

把白筍剝殼。倒入清水鍋中。煮一透。撩起。用厨刀切成薄片。裝在洋盆裏面。加入白糖醬蔴油等拌和。就可供食了。

附注

本食品宜於夏令。

第二種　玉堂菜

作料

膠菜心一斤。　赤砂糖四兩。　飛鹽一兩。　蔴油一兩。

用具

小瓦罐一個。　擂盆一個。　厨刀一把。　洋盆一只。

方法

先把膠菜剝去外葉。純拿菜心。再把赤砂糖飛鹽蔴油等一同拌和。然後緊緊裝入小瓦罐中。封固罐口。倒轉合在擂盆裏面。經過一星期。卽可供食。味美無匹。

附注

如在冬日。需旬日許。方可供食。

第三種　拌麪筋

作料　無錫麪筋一斤。　香菌一兩。　扁尖一兩。　醬油二兩。　白糖一兩。蔴油一兩。　糟油二錢。

用具　厨刀一把。　洋盆一只。

方法　先把麪筋用厨刀切成爲絲。再把香菌扁尖在水裏放淸。亦切成細絲。然後一同裝入洋盆的裏面。用醬油白糖蔴油糟油等醃拌。方可吃了。

附注　麪筋以無錫所產的爲最好。他的製法。將小麥新磨出的麩皮。連麪粉一同浸於冷水中。加入食鹽少許。歷一二時之久。使他發凝。然後搗成絲絲相結。用手洗淘。撩去麩殼。遂成生麩麪筋。再剪成小團。入油鍋中烙之。名叫油烙麪筋。中含有一種滋養料。名叫哥羅登。最合養身之用。故人皆歡喜吃的。

第四種　醃泡菜

作料

四川泡菜一斤。　醬油二兩。　白糖一兩。　蔴油二錢。

用具

厨刀一把。　洋盆一只。

方法

把泡菜用厨刀切細。裝入盆中。拌以白糖醬蔴油等。調和得宜。卽可取食。淸脆可口。

附注

按泡菜市上四川榨菜店有售。法以雪裏蕻。擦以食鹽。外加香料高粱酒。及用香菌扁尖辣椒大沙子鹽煮成的泡菜滷。候冷一併放入四川窖所製的泡菜罈中。該罈四川榨菜店有售。價約一元。罈口有邊成喇叭形。以泥鉢蓋上罈口。勿令走氣。再將罈口四周圈內。以水加入。水切不可溜入罈內。每隔三四天加水一次。經過了十幾天。就可候用了。

第五種　醃荳腐

作料

荳腐二塊。　香椿頭少許。　醬油二兩。　芝蔴醬二匙。　蔴油二錢。

用具

厨刀一把。　洋盆一只。

方法

把荳腐放在清水中漂淨。用厨刀切成小塊。再以香椿頭切細。一同盛入洋盆裏面。拌以醬油及芝蔴醬少許。再滴入蔴油。便可供食了。

附注 荳腐有鹽水荳腐和石膏荳腐二種。以石膏荳腐質嫩而易消化爲最好。

第六種　醃荳腐乾

作料 南京荳腐乾十塊。　醬油一兩。　蔴油二錢。

用具 厨刀一把。　洋盆一只。

方法 把荳腐乾用厨刀切成薄片。裝在洋盆裏面。加入醬油蔴油拌食。若加些白糖。味亦鮮潔。

附注 本食品最好和油氽果肉同食。晨間用以佐粥。味美絕倫。這個就是叫做素火腿。相傳爲金聖嘆所發明的。

第七種　拌黃瓜片

作料 黃瓜二條。　菜油二兩。　白糖半兩。　蔴油二錢。

用具 鍋一只。　爐一只。　厨刀一把。　缽一個。　洋盆一只。　筷一雙。

方法 把黃瓜用厨刀切成二爿。挖去他的子。再切成薄片。倒入缽內。用鹽擦去其汁。用水過清。上加白糖。再把油鍋燒熱。以油澆入瓜片內。用筷拌和。即可供食。清脆可口。

附注
將黃瓜挖去子的時候。或用手指。或用銅錢。均可隨意適用。

第八種　醃膠菜

作料
膠菜半斤。　白糖一兩。　食鹽半兩。　陳醋二錢。

用具
厨刀一把。　洋盆一只。

方法
把膠菜洗淨。最好取心。用厨刀切成細屑。拌以食鹽。隔了片時。再以白糖陳醋一同拌和。即可供食。味的酸美。眞正好哪。

附注
膠菜產在膠州。一名白菜。又名黃芽菜。然皆不及膠州出產的好。

第九種　醃蘿蔔絲

作料
蘿蔔二個。　菜油二兩。　食鹽半兩。　葱二枝。　白糖二錢。

用具
鍋一只。　爐一只。　厨刀一把。　刮鉋一個。　缽一個。　洋盆一只。

方法
先把蘿蔔用水洗淨。將刮鉋刮去他的皮。以厨刀切成細絲。倒入缽中。擦以食鹽。捏去辣水。再加葱屑白糖。然後將油鍋燒熱。以熱油澆入拌和。裝入洋盆裏面。便可食了。

附注
若加入陳酸醋及蔴油。味亦良佳。

第十種　醃洋胡蘿蔔

作料　紅蘿蔔二個。　白糖半兩。　醬油一兩。　蔴油二錢。　陳醋半兩。

用具　厨刀一把。　洋盆一只。

方法　把小紅蘿蔔的兩端。用厨刀切去一薄片。再用刀背扁敲。使他分裂成幾小塊。然後裝入洋盆裏面。上面加糖。用醬油蔴油陳醋拌和。等他透味。便可食了。

附注　紅蘿蔔以產自北方而鮮紅者爲佳。

第十一種　拌粉皮

作料

粉皮一斤。　黃瓜一條。　醬油一兩。　蔴油二錢。　芥辣油一匙。

用具

厨刀一把。　洋盆一只。

方法

把粉皮用厨刀切成細絲。在熱水中捏清。再把黃瓜去子切絲。用鹽擦去汁水。同入盆中。然後拌以醬油蔴油芥辣油等。即可食了。

附注

粉皮以綠荳粉做成的。法以綠荳浸一夜。入磨擵細。在絹篩內瀝清候用。

第十二種　醃馬蘭頭

作料

馬蘭頭一斤。　菜油二兩。　食鹽一兩。　白糖二錢。

用具

鍋一只。　爐一只。　厨刀一把。　洋盆一只。

方法

把馬蘭頭揀去根及枯葉。入鍋加水燒透。再撩起捏去水汁。用清水過清。分成數團。用厨刀切成細屑。卽將食鹽拌和。並澆以熱油再加以白糖。然後裝入盆中。便可食了。

附注

焯馬蘭頭的時候。燒透卽可撩起。不可燜在鍋裏。否則他的色澤就要發黃了。

第十三種　醃黃荳芽

作料

黃荳芽一斤。　醬油四兩。　食鹽二兩。　香糟半斤。

用具

鍋一只。　爐一只。　鏟刀一把。　缽頭一個。　麻布袋一個。

方法

先把黃荳芽揀淨根汚。用清水洗過一次。和清水入鍋燒一透。加下醬油食鹽。再燒一透。然後鏟入缽裏。中挖一潭。以香糟藏入麻布袋的裏面。置於缽的中間。用蓋蓋緊。時隔一二小時之久。即可食了。

附注

清香異常。宜於夏日。

第十四種　醃磨腐

作料

磨腐一塊。　薑屑半匙。　醬油一兩。　蔴油二錢。

用具

廚刀一把。　瓷碗一只。　筷一雙。

方法

把磨腐用廚刀切成小方塊。盛在瓷碗裏面。再把薑屑醬油蔴油。倒入碗中。用筷拌和。味之清爽。異乎尋常。

附注

本食品若拌入香椿頭榨菜等再食。味也良好。

第十五種　醃蠶荳瓣

作料

新蠶荳半斤。　醬油二兩。　蔴油二錢。

用具

鍋一只。　爐一只。　洋盆一只。

方法

把新蠶荳從莢中擠出。再剝去荳殼。放在飯鍋上蒸酥。俟冷。拌以醬油蔴油等。醃而食之。甚覺香爽。

附注

本食品若摻入芥辣粉少許。又覺鮮美。

第十六種　拌洋菜

作料

洋菜半兩。　毛荳子一杯。　扁尖半兩。　醬油二兩。　蔴油二錢。

用具

鍋一只。　爐一只。　厨刀一把。　洋盆一只。　筷一雙。

方法

把洋菜放在熱水中泡過。撩起瀝乾。用厨刀切成寸斷。再把毛荳子燒熟。扁尖撕絲。一同裝入洋盆裏面。加入醬油蔴油等。用筷拌和。就可供食了。

附注
喜吃甜的可以加些白糖亦佳。按洋菜係石花菜所製成。製法用石花菜暴露使白和水煎成濃漿。去其雜汁。倒入長方木匣內。堆齊之稻草中。約曬一天。即可撕開候用了。

第十七種　醃茭白

作料
茭白一捆。　白糖二錢。　醬油二兩。　蔴油二錢。

用具
厨刀一把。　洋盆一只。

方法
把茭白剝殼。入鍋燒熟。用厨刀橫敲一下。使他內部發鬆。再用刀切成纏刀塊。然後裝入盃中。將白糖醬蔴油醃拌。卽可食了。

附注

市上有的灰茭白。黑點斑斑。色既不佳。味也遜色。

第十八種　醃芹菜

作料

芹菜一捆。　白糖二錢。　醬油二兩。　蔴油二錢。

用具

鍋一只。　爐一只。　鏟刀一把。　厨刀一把。　洋盃一只。　筷一雙。

方法

把芹菜用筷打去他的枯葉。和以清水。倒入鍋中。焯一透。把鏟刀撩起。用厨刀切成寸斷。裝入洋盃裏面。加以白糖醬蔴油等。醃拌數次。卽可食了。

附注
本食品是水芹。不是藥芹。

第十九種　醃蓬蒿

作料
蓬蒿一斤。冬笋二只。食鹽一兩。鎮江醋二錢。白糖二錢。蔴油二錢。

用具
鍋一只。爐一只。厨刀一把。洋盆一只。

方法
把蓬蒿揀去泥汚。同清水入鍋。燒了一透。用冷水過清。分成數團。用厨刀切細。再將冬笋蒸熟。切成笋丁。一同裝入洋盆裏面。即以食鹽陳醋白糖蔴油加入拌和。食之可口。清芬異常。

附注
本食品用刀時。不可切來過細。以免乏味。蓬蒿卽是茼蒿。俗稱菊花菜。屬菊花科。性清涼。能除火氣。有清心養目的功夫。味頗清香。食之芬芳。

第二十種　醃萵苣筍

作料
萵苣筍四只。　春筍二只。　食鹽一兩。　白糖二錢。　醬油二兩。　蔴油二錢。

用具
厨刀一把。　洋盆一只。

方法
把萵苣筍用厨刀切去他的葉。再刨去他的皮。然後切成纏刀塊。下以食鹽。用手捏和。倒去鹽汁。與春筍燒熟切片後。一同裝入盆中。和以白糖醬油蔴油。味甚可口。淸脆爽人。

附注

本食品不可多食。多食則損眼。俗稱瞎眼菜。

第二十一種　醃草頭

作料

草頭四兩。　醬油半兩。　食鹽一錢。　菜油一兩。　高粱燒一錢。

用具

鍋一只。　爐一只。　鉢一個。　洋盆一只。

方法

把草頭摘去老頭。只留嫩梗。再以醬油盛於鉢中。等得油鍋燒熱。鏟些醬油鉢內。然後把草頭倒入燒之。少時加下食鹽。再隔片時。下以燒酒。燒他二三透。拌入醬油鉢中。用筷抄和。卽就。味很爽脆。

附注 草頭一名苜蓿。又名金花菜。嫩時則佳。開花後則不堪食了。富有蛋白質。食之頗滋補。惟多食就不易消化了。

第二十二種　醃紅花

作料 紅花半斤。、菜油二兩。醬油一兩。食鹽二錢。陳黃酒二錢。

用具 鍋一只。爐一只。缽一個。洋盆一只。

方法 先把紅花揀去雜草。入水洗淨。卽以油鍋燒熱。待沸。盛些醬油缽中。然後倒入紅花。加食鹽黃酒。連燒一、二透。就可供食了。

附注

紅花產在田中。農人用作肥料。我們偶而食他。味甚適口。

第二十三種　醃百葉

作料

百葉四張。　食鹽二錢。　醬油一兩。　蔴油二錢。

用具

厨刀一把。　洋盆一只。

方法

把百葉用厨刀切成細絲。放在熱鹼水中泡嫩。加入食鹽。用手揑和。再行過清。卽可裝入洋盆中。加以醬油蔴油。或加些白糖亦佳。拌和後。卽可食了。

附注

百葉又名千層。又名荳腐皮。鄉人有以生百葉卷食者。蘸以醬油。用以佐酒。味雖不惡。價亦極廉。然於衞生上有妨也。宜少食爲是。

第二十四種　醃茅荳莢

作料

茅荳莢半斤。　食鹽二兩。

用具

鍋一只。　爐一只。　剪刀一把。　洋盆一只。

方法

把茅荳莢在莖上摘下。用剪刀剪去兩端。以水洗淨。入鍋加清水燒熟。加以食鹽。再燒一透。裝入盆中。便可食了。

附注

本食品在鍋中亦不可多燜。多燜則色澤黃了。

第二十五種　醃乳腐

作料

荳腐十方。 食鹽半斤。 香菌湯一碗。 陳黃酒花椒橘皮若干。

用具

厨刀一把。 竹甑一只。 荷葉二張。 小甏一只。 洋盆一只。

方法

把荳腐用厨刀切成小方塊。置竹甑中。承以荷葉。嚴密蓋好。越十幾日出毛。乃用小甏。將荳腐放入。每舖一層。撒以食鹽。然後再加以香菌湯及陳黃酒花椒橘皮等。經過兩旬之久。卽可食了。

附注

本食品宜於冬日。

第二十六種 炙荳腐乾

作料

白坯荳腐乾二十塊。　雪裏蕻鹽水一缽。　菜油一斤。

用具

鍋一只。　爐一只。　筷一雙。　洋盆一只。

方法

把白坯荳腐乾。浸於雪裏蕻鹽水中。隔了一夜。撩起瀝乾。然後把油鍋燒熱。待沸。將荳腐乾放入煎之。煎至四面皆黃。卽可取食了。

附注

如與醬蔴油拌食亦好。

第二十七種　糟乳腐

作料

乳腐坯五十塊。　酒釀糟六斤。　食鹽四斤。　花椒香料若干。

用具

小缸一只。　甏一只。

方法

把乳腐坯一層。食鹽一層。層層放入小缸內。用石蓋緊。越期一月。取出藏甏。和以酒糟花椒食鹽等。層層醃緊。不可溜氣。二月可食。

附注

用以佐粥。尤爲相宜。

第二十八種　醬乳腐

作料

白坯荳腐乾半斤。　酒釀露一斤。　食鹽四斤。　紅麯四兩。　黃子六兩。　陳黃酒六兩。

用具

小缸一只。　甏一只。

方法

把白坯荳腐乾。用鹽一層一層醃入小缸裏面。取石壓結。約過一月。取出藏於甏內。再加入紅麯黃子陳黃酒酒釀露等。擋泥封口。過了二個月。便可食了。

附注

用以炖荳腐尤佳。

第二十九種　醃油菜梗

作料

油菜梗四兩。　食鹽二錢。　醬油一兩。　蔴油二錢。

用具

厨刀一把。　洋盆一只。

方法

把油菜梗用厨刀削去皮筋。純取嫩莖。擦以食鹽。使他入味。然後裝入洋盆裏面。用醬油蔴油等醃拌。形同萵苣筍。味較爲可口哩。

附注

油菜一名蕓薹。俗名菜花菜。

第三十種 拌青菜

作料

青菜四兩。 百葉四張。 食鹽一兩。 蔴油一兩。 白糖二錢。

用具

鍋一只。 爐一只。 厨刀一把。 洋盆一只。

方法

先把鍋中淸水燒透。將青菜倒入焯熟。然後過淸。擦以食鹽。擠去汁水。用厨刀切細。盛器候用。再把百葉切成細絲。用熱鹼水泡嫩。亦以食鹽擦透。一同裝入洋盆裏面。拌以蔴油白糖。卽可供食。味鮮無比。

附注

本食品普通所製。大都色澤不美。這是甚麼緣故呢。因爲青菜不能在冷水中焯的。必須將淸水燒透。然後放入。才不致發黃哩。

第三十一種　醃西瓜皮

作料

西瓜皮一碗。　菜油二兩。　蔴菇六只。　香菌六只。　食鹽半兩。　白糖二錢。　蔴油二錢。

用具

鍋一只。　爐一只。　厨刀一把。　碗一只。　洋盆一只。

方法

把西瓜皮曬乾。用厨刀切成小骰子塊。醃以食鹽。同在熱水裏放過之蔴菇香菌等。裝入碗內。加些食鹽白糖菜油。上鍋蒸之。蒸熟後移入洋盆裏面。滴以蔴油。取而食之。別有風味。

附注

夏日食之。有清心益氣之效。再蔴菇含沙質。可用食鹽打去的。

第三十二種　搶筍

作料

新筍四只。　榨菜半兩。　醬油二兩。　白糖二錢。　蔴油半兩。

用具

厨刀一把。　洋盆一只。

方法

把新筍帶殼埋在灶下熱火灰內。十分鐘後。取出脫殼。再用厨刀切成糰刀塊。同榨菜絲。以醬油蔴油白糖拌和。味的清香。鮮美可人。

附注
煨的時間。最宜當心。過焦過生。皆不適宜。

第三十三種　醃榨菜

作料
榨菜二兩。　雪裏蕻半兩。　扁尖半兩。　醬油二兩。　白糖二錢。　蔴油半兩。

用具
厨刀一把。　洋盆一只。

方法
把榨菜雪裏蕻扁尖等。用厨刀切成細屑。然後裝入洋盆裏面。加以醬油白糖蔴油等拌和。取他下粥。爽口異常。風味絕佳。

附注

榨菜卽芥辣菜。以四川爲最佳。製法將羊角菜二十斤洗淨。用刀切去硬皮老葉。掛於簷下風乾。約經五六日。用精鹽一斤醃於缸中。以手用力揉搦。再用石壓去苦汁。攤入籃中陰乾。然後另裝泡菜罈中。再加食鹽一二斤。和辣椒末五香末各若干。次第拌勻。用泥缽倒置罈口。使空氣不得侵入。再加水於罈口之盤。但不可漏水。以後每隔三四天換清水一次。經過二三月卽成。

第三十四種　拌茄子

作料

茄子五只。　醬油二兩。　蔴油半兩。　甜醬半碗。　菜油半兩。

用具

鍋一只。　爐一只。　碗一只。　洋盆一只。

方法

把茄子洗淨。帶皮連柄。放在鍋中煮熟。將茄子之汁水倒去。取出撕成絲絲。裝入盆中。食時蘸以甜醬。或醬蔴油。其味頗爲鮮美。

附注

若剝皮去子。切爲數段。其味尤佳。甜醬和菜油。亦須在鍋上蒸熟候用。

第三十五種　拌刀荳

作料

刀荳半斤。　醬油半兩。　蔴油二錢。　芥辣粉一匙。

用具

鍋一只。　爐一只。　碗一只。　洋盆一只。

方法

把刀荳去柄。倒入清水鍋中燒透。數透之後。已熟。撩起瀝乾。裝入盆中。以醬油蔴油芥辣粉拌和。卽可進食了。

附注
如不喜食辣者。可酌量增減。

第三十六種　醃枸杞頭

作料
枸杞頭半斤。　菜油二兩。　食鹽半兩。　白糖二錢。　蔴油二錢。
用具
鍋一只。　爐一只。　洋盆一只。
方法
把枸杞頭揀洗潔淨。倒入鍋中焯一透。撩起盛於盆中。和以食鹽白糖蔴油等。用熱油澆之。就可進食了。
附注
常食功能明目。蘇州人尤嗜之。

第三十七種　醃灰料頭

作料

灰料頭半斤。　菜油二兩。　食鹽半兩。　蔴油二錢。　白糖二錢。

用具

鍋一只。　爐一只。　洋盆一只。

方法

把灰料頭同稻柴灰。再和些水擦他一下。然後過清。入鍋焯透。和以白糖食鹽蔴油等。用熱油澆之。便可食了。

附注

或煮食之亦可。

第三十八種　燒沿籬荳

作料

沿籬荳半斤。　菜油二兩。　食鹽半兩。　新醬一匙。　白糖二錢。　蔴油二錢。

用具

鍋一只。　爐一只。　洋盆一只。

方法

把沿籬頭撕去細筋。用水洗淨。倒入熱油鍋中燒之。少時。下以清水食鹽新醬等。燒了二透。加白糖和味。起鍋滴入蔴油。味香可口。

附注

沿籬荳有人參沿籬荳。猪血沿籬荳。猪油沿籬荳。箆箕沿籬荳數種。

第三十九種　燒長荳

作料

長荳一紮。　菜油二兩。　食鹽二錢。

用具
鍋一只。　爐一只。　剪刀一把。　洋盆一只。
方法
把長荳用剪刀剪成寸斷。洗淨後。倒入熱油鍋中燒之。霎時下以食鹽。及清水少許。關蓋再燒。二透即可進食了。
附注
長荳有紅的白的二種。他的性子。粳糯各別。隨人所喜就是了。

第四十種　拌絲瓜

作料
絲瓜四條。　食鹽二錢。　菜油一兩。　白糖二錢　蔴油二錢。　薑屑　陳醋少許。
用具

鍋一只。爐一只。爐一只。廚刀一把。洋盆一只。

方法

把絲瓜刮去他的皮。醃以食鹽。推入爐中曬之。曬乾後。用廚刀切成小骰子塊。加白糖菜油入鍋蒸之。然後裝入洋盆中。和以蔴油薑屑陳醋等食之。肥嫩異常。

附注

本食品若多的時候。可以嚴藏甏內。隨時取食。

第四十一種　素炙骨

作料

油泡二十個。嫩藕二枝。菜油一斤。陳醋二錢。白糖二錢。蔴油二錢。青葱三枝。甜麪醬半兩。

用具

鍋一只。爐一只。鐵絲爪篱一個。厨刀一把。洋盆一只。

方法

先把油泡用厨刀切成長條。再把藕切成小長條。然後用油泡包住。即將油鍋燒熱。倒入氽黃。速即用鐵絲爪篱撩起。瀝乾油汁。再用陳醋白糖葱屑甜麪醬等拌和。另加蔴油。便可食了。

附注

素炙骨又名糖醋排骨。藕遇鐵器。湯汁必黑。可用銅刀代他。

第四十二種　素鱠魚

作料

麪筋半斤。荳油一斤。白糖半兩。陳醋四錢。

用具

鍋一只。爐一只。厨刀一把。洋盆一只。

方法

把麪筋滯成一箇小團。作方形投下。歇了片時。撩起。用厨刀切碎。像鱔魚一樣窄狹。再用白糖陳醋拌和。即可供食。味的香脆。異乎尋常。

附注

本食品比較眞鱔魚的味道有過之無不及。

第四十三種　荳腐鬆

作料

荳腐四塊。菜油二兩。醬瓜二塊。醬薑二塊。白糖二錢。乳腐半杯。蔴油二錢。

用具

鍋一只。爐一只。絹袋一箇。鏟刀一把。洋盆一只。

方法

把荳腐放在鍋中。用水燒了三四小時。然後用絹袋擠去汁水。即將油鍋燒熱。倒下炒之。少時。下以醬瓜醬薑。再炒數下。再加白糖乳腐露食時。滴入蔴油。味美適口。

附注

本食品的味道較眞的肉鬆爲美。

第四十四種　蘿蔔鬆

作料

蘿蔔四個。　菜油二兩。　食鹽一兩。　白糖二錢。　青葱三枝。

用具

鍋一只。　爐一只。　推鉋一箇。　洋盆一只。

方法

先把蘿蔔在推鉋上推成細絲。和些食鹽。捏去辣水。分作幾團。再將油鍋燒熱。倒下煎之。少時。摻下食鹽。再炒幾下。以白糖葱屑加入。霎時。便可起鍋了。

附注

本食品比較腐鬆。味稍遜色。

第四十五種　醃素皮蛋

作料

製大頭菜二箇。

用具

厨刀一把。　洋盆一只。

方法

把製大頭菜。外面用水洗白。然後用厨刀切成皮蛋狀。裝入洋盆裏面。均匀推開。卽可供食。

附注
本食品貌雖是而味殊鹹。

第四十六種　醃香菜梗

作料
白菜一斤。　食鹽一兩。　辣虎半杯。　黑白芝蔴三合。

用具
厨刀一把。　木盆一只。　瓦罐一箇。　大石子一塊。　油紙一小張。
洋盆一只。

方法
把白菜剝去外葉。在葉梗相連處。用厨刀切斷。留梗去葉。壓去水汁。橫切細絲。放入木盆內。加以食鹽辣虎。用力揉搓。再下以炒熟的黑白芝蔴。然後裝入瓦罐中。緊緊壓實。上面加食鹽鋪滿。將大石子塞緊。蓋上油紙。擋以黃泥半月可食。

附注

白菜不可豎切。豎切是有筋的。

第四十七種　拌菜梗

作料

青菜四兩。　食鹽半兩　蔴油一兩。　醬油一兩。

用具

厨刀一把。　洋盆一只。

方法

把青菜去葉剩梗。切作四分闊。六分長。以食鹽拌透。隔了一小時。搦去水汁。然後用蔴油拌過。再加醬油。味道極佳。

附注

本食品若先拌醬油。再拌蔴油。則不入骨了。

第四十八種　醃白菜梗

作料

白菜一斤。　菜油半兩。　食鹽半兩。

用具

鍋一只。　爐一只。　厨刀一把。　鏟刀一把。　瓦罐一箇。　洋盆一只。

方法

把白菜去葉。純取其梗。用厨刀切之爲片。長約一寸。闊三四分。放入鍋內。加些清水。及菜油食鹽等。用鏟炒菜。約四五分鐘。盛起。藏入瓦罐中。用蓋緊緊蓋着。隔了一天。卽可食。味頗佳。

附注

菜的味道。鮮嫩可口。

第四十九種　荳腐生

作料
荳腐二塊。大蒜十枝。醬油一兩。蔴油半兩。

用具
洋盆一只。筷一雙。

方法
把荳腐用水過清。再把大蒜洗淨。用力搗爛成泥。放入荳腐內。加下醬油蔴油。用筷攪和。卽可佐粥。自覺適口。

附注
本食品爲夏令佳品。

第五十種　燙靑蒜

作料

青蒜十枝。　醬油半兩。　蔴油二錢。

用具

厨刀一把。　洋盆一只。

方法

把青蒜連葉帶莖。用清水洗淨。浸入熱滾水中。時約五六分鐘。撩起。用厨刀切成半寸長。再用醬油蔴油拌和。味尤旨。

附注

本食品的味道。不亞於旱韭。

第二輯　熱炒類

第一種　炒蔴菇

作料

蔴菇一兩。　木耳十只。　香菌十只。　菜油二兩。　醬油一兩。　食鹽二錢。　白糖二錢。　蔴油二錢。

用具

鍋一只。　爐一只。　碗一只。　鏟刀一把。　洋盆一只。

方法

先把蔴菇用熱滾水放好。用食鹽擦去沙質。洗淨倒去黑脚。然後入熱油鍋內以鏟刀鏟炒、霎時。再倒入放好的木耳香菌和他的汁水。同醬油食鹽等。一透以後。加糖嘗味。起鍋滴入蔴油。味更出色。

附注

本食品的湯水。宜緊不宜多。有隨園癖者。請注意啊。

第二種　炒冬菰

作料

冬菰十只。　菜油二兩。　金針菜一兩。　荳腐二塊。　扁尖半兩。　醬油一兩。　食鹽二錢。　白糖二錢。　蒸粉半杯。　蔴油二錢。

用具

鍋一只。　爐一只。　碗一只。　刀一把。　洋盆一只。

方法

把冬菰放淨。倒入熱油鍋內。用鏟亂炒。片時。拿放好的金針菜扁尖和切成小方塊的荳腐。一同下鍋。再將醬油食鹽放入。一透以後。摻下白糖。傾下蒸粉。看見汁已濃厚。卽可起鍋。外加蔴油。香鮮無比。

附注

本食品可以湯汁寬些。以便著膩之用。

第三種　炒三鮮

作料

油荳腐二十箇。　菜油二兩。　筍乾半兩。　木耳半兩。　香菌半兩。

醬油一兩。 食鹽二錢。 白糖二錢。 蔴油二錢。

用具

鍋一只。 爐一只。 碗一只。 剪刀一把。 厨刀一把。 刀一把。

洋盆一只。

方法

把油荳腐用剪刀。每箇剪成四塊。筍乾先三日放胖。用厨刀切成細絲。木耳香菌亦用熱水放好。然後將鍋燒熱。下以菜油。待出青煙至沸時。以油荳腐筍乾木耳香菌等倒下。引鏟炒之。少時。下食鹽醬油清水。閉蓋再燒。經過十分鐘。加糖和味。食時再加蔴油。以引香味。味鮮無埒。

附注

筍乾同芝蔴同煮。則易爛。

第四種 炒素肉

作料

麪筋一斤。金針菜一兩。木耳十只。嫩笋三只。菜油四兩。醬油三兩。食鹽二錢。冰糖半兩。蔴油二錢。

用具

鍋一只。爐一只。厨刀一把。鏟刀一把。洋盆一只。

方法

先把麪筋用厨刀切成薄片。作肉片狀。再把金針菜木耳在熱水中放好。笋脫殼切成薄片。盛器候用。然後將油鍋燒熱。把麪筋煎透。放入金針菜木耳笋醬油食鹽等。關蓋再燒。二透以後。加糖嘗味。即可起鍋。滴入蔴油。味又香美。當不下豬肉哩。

附注

杜園麪筋的製法。就是用麩皮拌濕後。放入木盆中。用脚踏凝。然後置籃中。入水洗汏。即成。

第五種　炒素鷄

作料

百葉八張。　扁尖半兩。　木耳半兩。　冬菰半兩。　醬油二兩。　食鹽二錢。　菜油二兩。　白糖二錢。　蒸粉半杯。　蔴油二錢。

用具

鍋一只。　爐一只。　鏟刀一把。　厨刀一把。

方法

把百葉四張。疊齊紮緊。用力壓結。入鍋燒熟。用厨刀去縛。切成鷄片。再把鐵鍋燒熱。下以菜油。待至發沸。倒入亂炒。關鍋蓋再燒。三透開蓋加糖。然後用蒸粉調成薄漿。注入鍋中。引鏟徐徐擾攪。汁至濃厚。速即起鍋。再加蔴油。味頗清雅。

附注

百葉裹紮易破。可先以熱鹼水泡清。始不致坐此弊病。

第六種　炒素鵝

作料

山藥半斤。　荳腐衣十張。　菜油四兩。　黃酒半兩。　醬瓜四塊。　醬薑四塊。　白糖半兩。　蔴油一兩。

用具

鍋一只。　爐一只。　竹刀一把。　鏟刀一把。　洋盆一只。

方法

先把山藥洗淨。用竹刀削去他的皮。入鍋燒熟。切成寸段。然後以荳腐衣包裹成卷狀。倒入熱油鍋中煎透。下以黃酒。霎時。下以醬瓜醬薑。即可加糖和味。起鍋滴以蔴油。食之香脆可口。

附注　山藥需肥大而肉色潔白者。方堪供用。

第七種　炒素鴨

作料　千層二十張。　菜油四兩。　醬油一兩。　赤砂糖一兩。　蔴油一兩。花椒二錢。

用具　鍋一只。　爐一只。　厨刀一把。　鏟刀一把。　洋盆一只。

方法　把千層放入熱鹼水內泡浸。使他發嫩。然後撩起吹乾。以醬油赤砂糖蔴油花椒等。一同傾入碗內。泡以開水。使成濃汁。再一張一張的塗抹疊起來。約成二三寸厚。摺疊成卷。闊約寸許。倒入熱油鍋煎之。待他四面黃透。卽可切成鴨塊。裝入洋盆裏面。再要滴入蔴油。以引香頭。味很香甜。別具風味。

附注

如喜食辣者加辣。喜食醋者加醋。喜食甜者加甜醬。味均良佳。

第八種　炒素肉圓

作料

荳腐四塊。　荳腐衣五張。　菜油四兩。　嫩筍二只。　香菌半兩。　木耳半兩。　醬油二兩。　食鹽二錢。　菜心五兩。　白糖二錢。　蔴油二錢。

用具

鍋一只。　爐一只。　絹袋一只。　厨刀一把。　洋盆一只。

方法

把荳腐用絹袋擠乾汁水。再把香菌木耳用水放好。與筍脫殼後。一同用厨刀切成細屑。和以醬油食鹽。將荳腐拌在一起。然後用厨刀切碎荳腐衣。逐個包成圓形。卽可燒熱油鍋。倒入煎透。四面煎黃後。下些食鹽。要時。再加醬油菜心。燒二透。加白糖。味和卽可起鍋。另加蔴油。卽可食了。

附注

本食品的大小。需和肉圓一箇樣子。方不負他的名目哩。

第九種　炒素海參

作料

荳粉一升。　芝蔴六合。　筍乾二兩。　金針菜二兩。　扁尖二兩。　菜油四兩。　醬油四兩。　食鹽二錢。　白糖四錢。　砂仁末一錢。　蔴油二錢。

用具

鍋一只。 爐一只。 碾缽一箇。 竹爪篱一只。 木盤一只。 鏟刀一把。

方法

先把芝蔴在碾缽內碾細。入鍋和水。燒他一透。以爪篱撩起他的渣滓。平鋪在木盤的底裏。卽將荳粉倒下鍋中。微微攪和。下些醬油。見他濃厚。用鏟鏟入木盤裏面。候冷。用厨刀切成長條。再斷作海參狀。然後將放好的笋乾金針菜扁尖等。倒入熱油鍋中。用鏟翻覆亂炒。過了十分鐘。下以醬油食鹽及水。蓋蓋燒他二透。再下以海參。燒了一透。加糖和味。摻入砂仁末。食時。滴以蔴油。味亦不惡云。

附注

芝蔴須用黑的。白的不可用。

第十種　炒素鱔絲

作料
冬菰十只。嫩笋二只。菜油二兩。荳粉一錢。食鹽二錢。醬油二兩。白糖二錢。蒸粉半杯。蔴油二錢。

用具
鍋一只。爐一只。厨刀一把。鏟刀一把。洋盆一只。

方法
先把冬菰放好。用厨刀切成細條。四周拌以荳粉。加些食鹽。即可在熱油鍋中炙之。炙黃撩起。再把笋脫殼。切成薄片。然後燃火燒熱油鍋。將素鱔倒入。炒了幾次。加笋食鹽醬油及清水。關蓋燒了一透。嘗味和糖。再以荳粉和水傾入。徐徐炒和。見他已成濃汁。即可鏟起。加蔴油供食。

附注

味雖遜於黃鱔。而形狀却是一樣的。

第十一種　炒十錦

作料

油麪筋十箇。　蘑菇十只。　冬菰十只。　香菌十只。　扁尖一兩。　人參條十只。　白菓十箇。　茅荳子一杯。　荳腐衣四張。　白笋二只。　菜油四兩。　醬油三兩。　白糖四錢。　蔴油四錢。

用具

鍋一只。　爐一只。　厨刀一把。　鏟刀一把。　洋盆一只。

方法

先把蘑菇冬菰香菌扁尖白菓等。用熱水先時放好。再把油麪筋白笋用厨刀切片。荳腐衣切絲。拿菜油入鍋。燒他至沸。即將十樣東西倒下攪炒。約七八分鐘。下以醬油清水。（蘑菇等湯汁尤佳）關鍋蓋再燒。

燒了二透。加糖和味。一透卽就。起鍋需下蔴油香頭。味的鮮美。介三鮮而上之。

附注

人參條是荳腐做的。無錫有售。

第十二種　炒粉皮

作料

粉皮四張。　雪裏蕻一兩。　菜油半兩。　食鹽三錢。　蔴油二錢。

用具

鍋一只。　爐一只。　厨刀一把。　鏟刀一把。　洋盆一只。

方法

把粉皮先用厨刀切成長條。在熱水中泡浸。然後撩起。切成長條。倒入油鍋中。引鏟亂炒。再下雪裏蕻和食鹽。再炒片時。便可起鍋。食時。加蔴油。

附注

粉皮自己亦可製造。在市上買蒸粉若干。用銅鍋在熱水中燙之。卽成。

第十三種　炒芹菜

作料

芹菜一捆。　荳腐乾四塊。　菜油二兩。　醬油半兩。　食鹽一錢。　白糖二錢。　蔴油二錢。

用具

鍋一只。　爐一只。　厨刀一把。　鏟刀一把。　洋盆一只。

方法

把芹菜揀去枯莖。入水洗淨。用厨刀切成寸斷。卽將油鍋燒熱。傾入亂炒。少時。下以荳腐乾醬油食鹽等。燒了一透。加糖和味。滴下蔴油。卽可供食了。

附注

芹菜俗稱杏芹。有水芹旱芹兩種水芹屬繖形科。中含鐵質。食之有澄清血液之效。旱芹屬辛香科。富有香味。食之有養精益氣之功。

第十四種　妙辣茄

作料

辣茄三兩。　菜油半兩。　荳腐乾四塊。　茅荳子半杯。　醬油二錢。食鹽一錢。

用具

鍋一只。　爐一只。　厨刀一把。　鏟刀一把。　洋盆一只。

方法

把辣茄用厨刀切成兩爿。刮去他的白子。和荳腐乾一同切成細絲。再將油鍋燒熱。倒下炒之。少時。加荳腐乾茅荳子醬油食鹽等。燒了一透。速卽起鍋供食。

附注

辣茄需用靑而嫩的。

第十五種　炒新蠶荳子

作料

新蠶荳子一大碗。　春笋二只。　菜油一兩。　食鹽半兩。

用具

鍋一只。　爐一只。　鑝刀一把。　洋盆一只。

方法

把新蠶荳子。在荳莢殼內。用三指擠出。盛於碗中。卽以油鍋燒熱。加以食鹽。倒入亂炒。片時。再加笋片和淸水少許。關蓋再燒。三透起鍋供食。

附注

如加入嫩青菜少許亦佳。

第十六種　炒蠶荳瓣

作料

蠶荳半升。　雪裏蕻二兩。　菜油三兩。　醬油一兩。　食鹽二錢。　白糖二錢。

用具

鍋一只。　爐一只。　廚刀一把。　鏟刀一把。　洋盆一只。

方法

把荳瓣先在清水中浸一夜。隔日撩起。剝去荳殼。置於碗中。即將油鍋燒熱。倒下炒之。先下以鹽。再下以切細的雪裏蕻和醬油等。蓋蓋再燒二透。加糖和味。味甚鮮美。

附注
剝成荳瓣後。最好在鍋上蒸輭。然後再炒。

第十七種　炒青菜

作料
青菜六兩。　油荳腐十箇。　菜油一兩。　醬油一兩。　食鹽一錢。
用具
鍋一只。　爐一只。　厨刀一把。　洋盆一只。
方法
把青菜揀淨。用厨刀切成細屑。再把油荳腐切片。然後燒熱油鍋。摻下食鹽。速卽倒下炒之。片時。加油荳腐醬油和清水少許。再燒二透。卽可食了。
附注

不可多燜。多燜青菜要黃了。

第十八種　炒東瓜

作料
東瓜半斤。　菜油一兩。　醬油一兩。　白糖二錢。　蔴油二錢。

用具
鍋一只。　爐一只。　刮鉋一箇。　厨刀一把。　洋盆一只。

方法
把東瓜用刮鉋刮去皮子。用厨刀切成長方塊。再把油鍋燒熱。倒入煎透。片時。下以醬油清水。再燒二透。和味起鍋。滴以蔴油。清爽可口。

附注
若加入和頭。如香菌木耳等。味亦良佳。

第十九種　炒白菜

作料 白菜六兩。 菜油半兩。 醬油四錢。 白糖二錢。

用具 鍋一只。 爐一只。 厨刀一把。 洋盆一只。

方法 把白菜用厨刀切成細條後。即將油鍋燒熱。以白菜倒入亂炒。便卽傾下醬油清水。一透加糖。再透便就。

附注 酌加鹽料皮少許。味甚香美。

第二十種 炒茭白

作料 茭白六個。 菜油半兩。 醬油四錢。 白糖二錢。 蔴油二錢。

用具
鍋一只。 爐一只。 厨刀一把。 洋盆一只。
方法
把茭白剝去他的殼。用厨刀切成細絲。然後把油鍋燒熱。將茭白絲倒下炒之。霎時。加醬油。再燒一透。下糖和味。滴以蔴油。便可供食。
附注
茭白須用清白的。

第二十一種 炒蘿蔔絲

作料
蘿蔔二箇。 菜油半兩。 醬油四錢。 白糖二錢。 青葱二枝。
用具
鍋一只。 爐一只。 刮鉋一箇。 厨刀一把。 洋盆一只。

方法

把蘿蔔用水洗淨。用刮鉋刮去他的皮。再用厨刀斜切薄片。再切成絲。然後入油鍋炒之。少時。下以醬油。和味加白糖葱屑。卽可食了。

附注

蘿蔔勿取空心爲是。

第二十二種　炒葱荳腐

作料

荳腐四塊。　胡葱十枝。　菜油二兩。　醬油一兩。　白糖二錢。

用具

鍋一只。　爐一只。　厨刀一把。　洋盆一只。

方法

把荳腐用厨刀切成小方塊後。卽將油鍋。燃火燒熱。待沸。倒入煎之。等他黃透。卽下以胡葱醬油。再將清水倒下。蓋鍋蓋。再燒二透。下以白糖。味和之後。便可供食。

附注

胡葱需切成寸斷爲是。

第二十三種　炒磨腐

作料

磨腐四塊。　菜油二兩。　食鹽一錢。　蔴油二錢。

用具

鍋一只。　爐一只。　厨刀一把。　鏟刀一把。　洋盆一只。

方法

把磨腐用厨刀切成棋子塊。卽將鐵鍋燒熱。下以菜油。然後倒入炒之。少時。放下醬油食鹽。卽可起鍋。盛在洋盆裏面。滴下蔴油。味嫩逾常。

附注

本食品宜於老人食之。

第二十四種　炒茄子

作料

茄子五只。　菜油二兩。　醬油二兩。　食鹽一錢。　陳黃酒半兩。　甜蜜醬二匙。　白糖二錢。　蔴油二錢。

用具

鍋一只。　爐一只。　厨刀一把。　鏟刀一把。　洋盆一只。

方法

把茄子去柄洗淨。用厨刀切成纏刀塊。倒入油鍋中炒之。霎時。下以陳黃酒。再加食鹽醬油甜蜜醬等。燒了二透。加入白糖。卽可起鍋滴入蔴油。便可食了。

附注

如加些韮菜炒之。味亦佳。

第二十五種　炒雪笋

作料

雪裏蕻四兩。 春笋四兩。 茅荳子半杯。 菜油一兩。 醬油一兩。

白糖二錢。 蔴油二錢。

用具

鍋一只。 爐一只。 厨刀一把。 鏟刀一把。 洋盆一只。

方法

把雪裏蕻用厨刀切成細屑。再把笋剝殼。切成小骰子塊。然後燒熱鐵鍋。下以菜油。待他沸騰。卽將雪笋茅荳子倒入。用鏟攪炒。約三分鐘。加以醬油。再關鍋蓋。燒了一透。和以白糖。味和以後。卽可起鍋。盛於洋盆裏面。另加蔴油。鮮美得很。

附注

雪裏蕻需用醃的。否則淡而乏味。

第二十六種　炒夏大蒜

作料

夏大蒜半斤。　菜油一兩。　陳黃酒半兩。　醬油一兩。　白糖二錢。

用具

鍋一只。　爐一只。　厨刀一把。　鏟刀一把。　洋盆一只。

方法

把夏大蒜洗淨。用厨刀切去根鬚。再將梗切成寸斷。然後將油下鍋中。燒他極熱。即以夏大蒜倒入。用鏟刀攪炒。約三分鐘。下以陳黃酒。霎時。加以醬油。微下清水。關鑊蓋再燒。加入白糖。數透即就。

附注
用蒜苗亦可如法製的。

第二十七種　炒莧菜

作料
莧菜十兩。　大蒜頭四箇。　菜油一兩。　陳黃酒半兩。　醬油一兩。
白糖二錢。

用具
鍋一只。　爐一只。　鏟刀一把。　洋盆一只。

方法
把莧菜揀淨。大蒜頭去殼。剝成小瓣。卽將油鍋燒熱。將莧菜大蒜頭倒下。用鏟刀攪炒。少時。下陳黃酒。再隔片時。下醬油。一透和味。卽可供食。

附注

用野莧菜亦佳。

第二十八種　炒榨菜

作料
榨菜半斤。　扁尖二兩。　菜油一兩。　陳黃酒半兩。　醬油一兩。　白糖二錢。　蔴油二錢。

用具
鍋一只。　爐一只。　廚刀一把。　鏟刀一把。　洋盆一只。

方法
把榨菜用廚刀切成細條。約一寸長。再把扁尖放好。撕成細絲。然後下以菜油。燃火燒熱油鍋。倒入用鏟炒之。霎時。下以陳黃酒。再下以醬油。燒了一透。加糖嘗味。起鍋滴入蔴油。香脆異常。

附注

喜食辣者加辣油更佳。

第二十九種 炒芥藍菜

作料
芥藍菜十二兩。 菜油一兩。 醬油一兩。 陳黃酒半兩。

用具
鍋一只。 爐一只。 厨刀一把。 鏟刀一把。 洋盆一只。

方法
把芥藍菜去梗洗淨。用厨刀切碎後。卽將油鍋燒熱。倒下炒之。約三分鐘。下醬油。再炒片刻。下陳黃酒。俟燒熟後。起鍋時再加些黃酒。便覺芬香逾常了。

附注
本食品閩人多食之。

第三十種　炒芥菜

作料　芥菜半斤。　春筍四只。　菜油一兩。　陳黃酒半兩。　醬油一兩。

用具　鍋一只。　爐一只。　鑊刀一把。　洋盆一只。

方法　把芥菜用清水洗淨。春筍剝殼。用厨刀切片後。同入油鍋煎之。約五分鐘。下以陳黃酒。再下以醬油。數透即就。

附注　燒時若加以橄欖油少許。其味更佳。

第三十一種　炒菠菜

作料

菠菜半斤。　菜油一兩。　陳黃酒半兩。　醬油一兩。

用具

鍋一只。　爐一只。　鏟刀一把。　洋盆一只。

方法

把菠菜揀洗潔淨。入燒熱之油鍋中。用鏟炒之。看他稍爛。下以陳黃酒。再燒一透。倒入醬油。再燒數透。卽可食了。

附注

菠菜一名紅嘴綠鸚哥。根有甜味。爲人所喜食。

第三十二種　炒百葉

作料

百葉六張。　蘿蔔二箇。　菜油半兩。　醬油半兩。　辣虎醬半匙。

用具

鍋一只。　爐一只。　厨刀一把。　鏟刀一把。　洋盆一只。

方法

把百葉在熱水中泡浸。用厨刀切成細絲。把蘿蔔刮皮切片後。再切成絲。然後將油鍋燒熱。一同倒入攪炒。霎時。以醬油倒下。關鍋蓋用文火燜爛。下以辣虎醬。即可鏟起。食之別有風味。

附注

百葉可在鹼水內揑過。質易較嫩。

第三十三種　炒蓬蒿菜

作料

蓬蒿菜半斤。　菜油一兩。　陳黃酒二錢。　醬油半兩。　食鹽二錢。

用具

鍋一只。　爐一只。　鏟刀一把。　洋盆一只。

方法
把蓬蒿菜揀淨後。卽將油鍋燒熱。先下鹽投下。再以蓬蒿菜連手倒下。用鏟炒攪。霎時。下以陳黃酒。再下以醬油。關鍋蓋再燒一透卽就。

附注
如嫌鹹加白糖。從事者可隨心行之。

第三十四種　炒筍絲

作料
冬筍四只。　扁尖半兩。　香菌半兩。　菜油一兩。　醬油一兩。　白糖二錢。　蔴油二錢。

用具
鍋一只。　爐一只。　厨刀一把。　鏟刀一把。　洋盆一只。

方法

先把冬筍脫去他的殼。用廚刀切成細絲。再把扁尖香菌。用熱水放胖。扁尖撕絲。香菌切碎。然後將油鍋燒熱。即倒下攪炒。霎時。下以扁尖香菌。同時再加醬油清水。再關鍋蓋燒一透。便下白糖。味和了。滴入蔴油。即可供食。

附注

如用春筍白筍亦可。

第三十五種　炒荳腐乾

作料

荳腐乾八塊。　鹽大頭菜一箇。　菜油一兩。　陳黃酒二錢。　醬油一兩。　白糖二錢。　蔴油二錢。

用具

鍋一只。　爐一只。　廚刀一把。　鏟刀一把。　洋盆一只。

方法

把荳腐乾用厨刀切成細絲。再把鹽大頭菜亦如之。卽將油鍋燒熱。倒入炒透。加上陳黃酒。再加醬油。燒了一透。和糖嘗味。起鍋滴入蔴油食之令人神往。

附注

本食品以香荳腐乾爲最好。

第三十六種　炒韮菜

作料

韮菜半斤。　百葉八張。　菜油二兩。　陳黃酒二錢。　食鹽半兩。

用具

鍋一只。　爐一只。　厨刀一把。　鏟刀一把。　洋盆一只。

方法

把韮菜揀淨。用刀切成寸斷。再把百葉切成細條。在鹻水內浸過。然後燃火燒熱油鍋。及沸。先以鹽投下。急以韮菜倒下。引鏟亂炒。待他脫生。加入陳黃酒。霎時。再加百葉食鹽。微下以水。二透卽可起鍋供食了。

附注

再加些葱屑亦佳。

第三十七種　炒番瓜

作料

生番瓜半斤。　菜油二兩。　食鹽一錢。　白糖一錢。　蔴油一錢。

用具

鍋一只。　爐一只。　厨刀一把。　刮鉋一箇。　鏟刀一把。　洋盆一只。

方法

把番瓜洗淨。用刮鉋刮去他的皮。用厨刀破開去子。再切成細絲。卽將油鍋燒熱。倒入用鏟不停手的亂炒。約三分鐘。摻以食鹽。再加白糖少許。即可鏟起。盛於盆中。灑入蔴油。即可供食了。

附注

番瓜又叫南瓜。需用生的。

第三十八種　炒荳腐衣包素

作料

荳腐衣二張。　荳腐一塊。　木耳八只。　香菌八只。　豌荳子半杯。

嫩笋一只。　菜油一兩。　食鹽一錢。　醬油一兩。　白糖一錢。　蒸粉小半杯。　蔴油一錢。

用具

鍋一只。　爐一只。　厨刀一把。　鏟刀一把。　洋盆一只。

方法

把荳腐衣用厨刀切成小方塊。以拌和之荳腐木耳屑香菌屑筍屑食鹽菜油等一同包之。包成卷狀。即將油鍋燒熱。以包素倒入炒之。見已黃透。加下醬油及豌荳子筍片等。二透和味。再行着膩。即就滴入蔴油。味香而濃厚。

附注

豌荳是裝觀瞻之用。

第三十九種　炒玉蜀黍梗

作料

玉蜀黍嫩梗四兩。　香菌十只。　木耳十只。　菜油一兩。　醬油一兩。

蔴油一錢。　白糖一錢。　蒸粉半杯。

用具

鍋一只。　爐一只。　厨刀一把。　鏟刀一把。　洋盆一只。

方法

把嫩小玉蜀黍剝殼去子。將嫩梗用厨刀切成薄片。然後燒熱油鍋。倒下炒之。少時。下醬油香菌木耳清水等。燒透和味。旋卽着膩。加入蔴油。卽可喫了。

附注

本食品用苞粒未飽綻者爲佳。

第四十種　炒麪筋包素

作料

麪筋三塊。　荳腐三塊。　木耳十只。　香菌十只。　金針菜半兩。　茅荳子一杯。　食鹽二錢。　醬油二兩。　白糖二錢。　蔴油二錢。　蒸粉半杯。　菜油二兩。

用具

鍋一只。　爐一只。　厨刀一把。　鏟刀一把。　洋盆一只。

方法

先把荳腐木耳屑香菌屑金針菜屑食鹽菜油等拌和。再將麪筋包裹成湯糰狀。然後燒熱油鍋。倒入煎之。煎他四面黃透。卽可加入醬油及茅荳子。微下清水。燒他一透。和糖加膩。卽可起鍋。再加蔴油。味之鮮美。洵蔑以加矣。

附注

如不着膩亦佳。

第四十一種　炒百葉包素

作料

百葉四張。　荳腐二塊。　香菌半兩。　扁尖半兩。　菜油一兩。　食鹽一錢。　醬油一兩。　白糖二錢。　蔴油二錢。

用具
鍋一只。　爐一只。　厨刀一把。　鏟刀一把。　洋盆一只。

方法
把荳腐香菌屑扁尖屑等用筷拌和。加些菜油食鹽。再把百葉●用厨刀切成小方塊。然後包裹成卷。倒入熱油鍋中煎透。下以醬油。燒透和味。即可起鍋供食。再加麻油。其味甚美。

附注
本食品如欲着膩亦可。

第四十二種　燒荳腐乾絲

作料
香荳腐乾八塊。　陳黃酒二錢。　醬油二兩。　白糖二錢。　薑絲一匙。
麻油二錢。

用具

鍋一只。　爐一只。　厨刀一把。　洋盆一只。

方法

把荳腐乾絲加清水入鍋燒透。和下陳黃酒。同時再加醬油。關蓋再燒。燒了一透。下糖嘗味。霎時。即可起鍋。盛入洋盆裏面。以薑絲蔴油加入。味尙不惡云。

附注

荳腐乾以南京爲最著名。

第四十三種　炒荳瓣酥

作料

蠶荳瓣一碗。　鹽冬菜半碗。　菜油二兩。　醬油一兩。　食鹽一錢。
白糖二錢。　蔴油二錢。

用具

鍋一只。爐一只。厨刀一把。鏟刀一把。洋盆一只。

方法

把蠶荳瓣浸透去皮後。倒入鍋中。加清水食鹽。燒至微爛。再倒入熱油鍋中。炒他數下。用鏟刀壓成漿糊狀。加下醬油熱水。然後加入鹽冬菜細屑。再蓋鍋蓋燒透。見他已經濃厚。起鍋滴入蔴油。便可食了。

附注

火候應當注意。過於堅硬。過於糜爛。均不適宜。

第四十四種　炒素盤

作料

核桃十箇。菜油二兩。甜蜜醬半杯。砂仁末一錢。白糖二錢。茴香末一錢。陳黃酒二錢。

用具

鍋一只。　爐一只。　鐵錘一箇。　鏟刀一把。　洋盆一只。

方法

把核桃用鐵錘連殼打破。勿使用力過猛。以致碎爛。然後將油鍋燒熱。待沸。倒入炒熟。加下甜蜜醬砂仁末白糖茴香末等。再加以陳黃酒。關鍋蓋燒二透。卽可食了。

附注

本食品形似蟹故名。

第四十五種　炒素肉絲

作料

麪筋乾四兩。　嫩笋一只。　金針菜半兩。　荳腐乾二塊。　菜油一兩。

醬油一兩。　白糖二錢。　蔴油二錢。

用具

鍋一只。爐一只。廚刀一把。鏟刀一把。洋盆一只。

方法

把麪筋乾用厨刀切成細絲。長約一寸許。以笋剝殼及荳腐乾亦切成細絲。再以金針菜用水放好後。即將油鍋燒熱。一併倒入炒之約三分鐘。傾入醬油。蓋鍋蓋再燒一透。加下白糖。味和即可起鍋了。

附注

本食品麪筋需用乾的。

第四十六種　炒素腰腦

作料

坯片四箇。荳腐一塊。嫩笋一只。菜油半兩。陳黃酒一錢。醬油半兩。白糖二錢。蒸粉半盅。蔴油二錢。

用具

鍋一只。　爐一只。　厨刀一把。　鏟刀一把。　筷一雙。　洋盆一只。

方法

把坯片用厨刀破開。正面斜劃細紋。深約分許。劃好交叉切成薄片。長約七八分再把荳腐用筷調碎。以笋切片。然後把鐵鍋燒熱。倒入菜油。待至沸時。倒入炒之。霎時。加以黃酒醬油。再加以白糖蒸粉。即可鏟起。滴入蔴油。以便供食。其形畢肖。

附注

把荳腐乾亦可代坯片之用。

第四十七種　炒冬笋

作料

玉堂菜四兩。　玉蜀黍四兩。　菜油一兩。　醬油一兩。　白糖一錢。

蔴油一錢。

用具

鍋一只。 爐一只。 厨刀一把。 鏟刀一把。 洋盆一只。

方法

把玉堂菜用厨刀切碎。再把玉蜀黍嫩梗。剝去外殼。削去苞粒。切成筍片。然後將油鍋燒熱。倒下用鏟炒之。約三四分鐘。加醬油清水。燒了一透。加糖和味。霎時。滴下蔴油。便可食了。

附注

他的味道。和冬筍無異。

第四十八種　炒香菜

作料

香菜半斤。 菜油四錢。

用具

鍋一只。　爐一只。　鏟刀一把。　洋盆一只。

方法

把香菜用手搦去滷汁。傾入熱油鍋中。炒他一透。卽可鏟入洋盆裏面。以備供食。味的鬆脆。鮮美無倫。

附注

本食品的製法。詳第一輯第四十六種醃香菜梗欄內。

第四十九種　炒素肉餅子

作料

荳腐四塊。　金針菜丁木耳丁榨菜丁筍丁荸薺丁各若干。　食鹽半兩。　乳腐露一杯。　小粉一撮。　菜油二兩。　醬油二兩。　白糖二錢。　蔴油二錢。

用具

鍋一只。 爐一只。 厨刀一把。 鏟刀一把。 洋盆一只。

方法

把各種小丁和荳腐同拌。加以食鹽乳腐露。再加小粉。做成肉餅子狀。然後入熱油鍋中。煎已黃透。下以醬油食鹽及清水。再燒二透。和味加糖。少時。便可起鍋。另加蔴油。味美逾常。

附注

本食品和肉餅子一樣。惟葷素各別就異了。

第五十種 炒素包圓

作料

荳腐衣二張。 小青菜二兩。 香荳腐乾二塊。 嫩筍一只。 醬油半兩。 菜油半兩。 白糖一錢。

用具
鍋一只。　爐一只。　厨刀一把。　洋盆一只。

方法
把荳腐衣用厨刀切成小方塊。再以小青菜香荳腐乾嫩筍等切成細屑。浸在醬油裏面。然後逐箇包裹。倒入熱油鍋中煎之。加以醬油清水。燒了一透。白糖和味。未幾。卽可食了。

附注
本食品之佳。介腐衣包素而上之。好口味者盡嘗試之。

第三輯　小湯類

第一種　蔴菇雞

作料
蔴菇一兩。　百葉六張。　嫩筍一只。　香菌六只。　木耳六只。　茅荳子十粒。食鹽半兩。白糖二錢。蔴油一錢。陳黃酒半兩。

用具

鍋一只。爐一只。厨刀一把。小湯碗一只。甑籠一具。

方法

先把蔴菇用淸水放好。將鹽擦去他的沙質。洗淨後。再把百葉疊齊壓結。用厨刀切成雞條。長約一寸許。闊約三四分。然後把筍屑香菌屑木耳屑等。一併裝入小湯碗裏。再把素雞六條。蓋在碗之一面。蔴菇蓋在對面。空間蓋以筍片。當中以茅荳子作頂。摻以白糖食鹽。傾入陳黃酒及蔴菇湯。卽可上甑蒸透。滴入蔴油。便可供食。他的味道。多麼好呀。

附注

本食品的碗面要蓋得好。否則不雅觀了。故對於手術方面。需要特別注意的。

第二種　香菌鴨

作料
香菌一兩。　百葉十張。　百葉邊二三條。　嫩笋一只。　扁尖三條。
食鹽半兩。　陳黃酒半兩。　蔴油一錢。

用具
鍋一只。　爐一只。　厨刀一把。　小湯碗一只。　甑籠一具。

方法
把百葉張張推開。每張塗以砂糖醬油蔴油花椒等的瀾合汁。重重疊上。積累成帙。將百葉邊夾在中間。摺疊卷好。用厨刀切成小方塊。卽成素鴨。又將香菌放好。再以笋脫殼。切成細屑。扁尖亦如之。裝入小湯碗中。上層把素鴨放好。再以香菌蓋面。加下食鹽陳黃酒。倒入香菌湯。然後放在甑上。燃火燒了二透。卽可加入蔴油。以便進食了。他的味道。當不亞於眞鴨。

附注

本食品味甚甜美。饕餮家請爲嘗試嘗試。若改爲燻製。味亦可口之甚。

第三種　蔴菇湯

作料

蔴菇八只。　香菌八只。　白菓八箇。　嫩筍一只。　食鹽半兩。　陳黃酒半兩。　蔴油一錢。

用具

鍋一只。　爐一只。　厨刀一把。　小湯碗一只。　甑籠一具。

方法

把白菓煮熟。剝去他的殼。再把蔴菇香菌放好。筍用厨刀切成薄片。一同裝入小湯碗中。傾下蔴菇湯。然後加下食鹽陳黃酒等。上甑蒸熟。再加蔴油。即可供食了。

附注

蔴菇需裝在碗面。纔整齊而雅觀。否則味道雖好。而碗面沒有配得好。仍舊不能稱爲完美的東西。

第四種　萸玉湯

作料

萸玉六只。　嫩笋一只。　香菌六只。　扁尖三根。　茅荳子兩匙。　陳黃酒半兩。　食鹽半兩。　白糖二錢。　蔴油一錢。

用具

鍋一只。　爐一只。　小湯碗一只。　甑籠一具。

方法

把萸玉用黃酒搶之。裝入小湯碗中。用笋片香菌扁尖絲茅荳子等蓋而。加食鹽陳黃酒白糖清湯等。入甑上鍋蒸透。燒了二三透。即就。食時。再行滴入蔴油。眞素菜中的佳肴啊。

附注

蔴菇爲玉爲素中之王。我們茹素者不可不吃的。惟價頗昂。不能常食爲可憾耳。

第五種　冬菰湯

作料

冬菰十只。　陳黃酒一兩。　食鹽二錢。　蔴油一錢。

用具

鍋一只。　爐一只。　小湯碗一只。　甑籠一具。

方法

把冬菰用熱滾水放好後。將他倒置小湯碗中。加下食鹽。用陳黃酒滴在他的柄上。以紙封固。卽可裝入甑籠。上鍋蒸透。加入陳黃酒再蒸如是蒸至三四次。見他蓋面已漲厚而呈龜裂狀。加下蔴油卽可食了。湯的鮮美。眞可愛哪。

附注

本食品不必加以清湯。因爲原汁已經足够了。取而食之。開胃勝常。

第六種　葛仙米湯

作料

葛仙米一盅。　嫩笋一只。　香菌四只。　蔴菇四只。　扁尖三根。　食鹽半兩。　陳黃酒半兩。　蔴菇湯一碗。　蔴油一錢。

用具

鍋一只。　爐一只。　厨刀一把。　小湯碗一只。　甑籠一具。

方法

把葛仙米用熱滾水泡浸。放入鍋中。用文火煨爛。盛碗候用。再把香蕈蔴菇扁尖用淸水放好。和笋一同切成細屑。裝入小湯碗底。以葛仙米蓋在碗面。加入食鹽陳黃酒。冲下蔴菇湯。上甑蒸透。以備供食。食時另加蔴油。

附注

葛仙米放來越大越好。以瓦罐預先煨爛候用。尤爲佳美。

第七種　鮮菌湯

作料

茅柴菌一兩。　木耳一兩。　蔴菇一兩。　食鹽半兩。　陳黃酒半兩。蔴油一錢。

用具

鍋一只。　爐一只。　小湯碗一只。　甑籠一具。

方法

把蔴菇用食鹽擦就洗淨。入鍋加清水煮湯。然後將放好的茅柴菌木耳等。裝入小湯碗中。加下食鹽陳黃酒。再傾入蔴菇湯。上甑蒸熟。另加蔴油。味極好啊。

附注

菌每含有毒質。燒時可以銀針試他。如現黑色。愼勿食他。既受毒可取燈草煎服。即解。特附記之以備急救。

第八種　菠菜荳腐羹

作料

菠菜半斤。　荳腐二塊。　食鹽半兩。　白糖一錢。　蔴油一錢。　荳豉醬一匙。　蒸粉少許。

用具

鍋一只。爐一只。廚刀一把。小湯碗一只。甑籠一具。

方法

把菠菜入水洗淨。再以荳腐用廚刀切碎。然後一起倒入鍋內。同清水燒之。約燒一透。灑以食鹽。關蓋再燒。二透即就。將起鍋時。加以白糖蔴油荳豉醬蒸粉等。食之風味極佳。並且顏色鮮紅碧綠。美觀逾常。

附注

本食品燒時。若加以筍片。味更鮮美。荳豉醬是用黑大荳做的。用以和味。最佳。

第九種 燒湯三鮮

作料

百葉三張。荳腐衣一張。香菌八只。菜油一兩。醬油一兩。蔴油一錢。

用具

鍋一只。爐一只。廚刀一把。小湯碗一只。甑籠一具。

方法

把百葉以温水過清。一起捲成長條。把荳腐衣包在外面。上甑蒸透。用廚刀切成寸段。倒入熱油鍋中。煎他一透。然後和笋片香菌等。一併裝入小湯碗內。盛以醬油香菌湯。再上甑蒸一透。加些蔴油。便可食了。味亦鮮潔。

附注

本食品在蒸的時候。不必加以清水。因爲香菌湯足以够用了。惟香菌湯需漏脚候用。

第十種　燒乾三鮮

作料

荳腐二塊。食鹽二錢。木耳屑半兩。菜油二兩。筍一只。香菌十只。油麪筋十箇。麪粉一盅。醬油二兩。白糖半兩。蔴油一錢。

用具

鍋一只。爐一只。厨刀一把。小湯碗一只。甑籠一具。

方法

把荳腐用厨刀一切四塊。濾去汁水。逐一調爛。同時和以食鹽木耳屑等。放入麪粉盅內滾成圓形。卽成素肉丸。一一投入熱油鍋內以煎黃爲度。然後加香菌湯筍片香菌油麪筋等。一起放入。燒煮一透。加以醬油。再燒一透。用白糖和味。食時。加些蔴油。以引香味。和眞三鮮無以異也。

附注

本食品湯水宜緊。燒時不必加以清水。純用香菌湯已足够用了。

第十一種　黃瓜塞荳腐

作料

黃瓜二條。　荳腐二塊。　食鹽二錢。　扁尖屑香菌屑木耳屑各少許。

菜油二兩。　醬油二兩。　白糖半兩。　蔴油一錢。

用具

鍋一只。　爐一只。　厨刀一把。　括鉋一箇。　筷一雙。　小湯碗一只。

甑籠一具。

方法

把黃瓜括去他的皮。用厨刀切成一寸小段。將手指扒去他的子。再把荳腐用清水洗淨。和扁尖屑香菌屑木耳屑等。用筷調和。然後塞入黃瓜內。再倒入熱油鍋內煎透。加以清水。再燒二透。便以醬油加入再燒片時。用白糖和味。便可食了。食的時候。再加蔴油少許。

附注

黃瓜須揀小而嫩的。若老黃之類。很不適用。俗有謂生黃瓜同花生食之。輒死。不知確否。

第十二種　冬菰雞

作料

冬菰半兩。　百葉四張。　荳腐衣二張。　嫩筍一只。　冬菰湯一碗。

陳黃酒二錢。　醬油二兩。　蔴油一錢。

用具

鍋一只。　爐一只。　厨刀一把。　小湯碗一只。　甑籠一具。

方法

先把冬菰洗淨放好。再把百葉用熱水過清。每二張捲成長條。外面包以荳腐衣。上甑蒸透。用厨刀切成寸段。即成素雞。然後把筍絲裝入小湯碗底。將冬菰素雞。舖於碗面。盛以黃酒醬油及冬菰湯。再上甑蒸一透。食時。加以蔴油。味甚香美。

附注

本食品的素雞。味很鮮美。形極類似。可稱絲毫無雙。

第十三種　三絲湯

作料

香菌十只。　嫩筍一只。　扁尖六根。　香菌湯一碗。　食鹽四錢。　蔴油一錢。

用具

鍋一只。　爐一只。　厨刀一把。　小湯碗一只。　甑籠一具。

方法

把香菌用清水洗淨。放好之後。入鍋煮湯。再將香菌嫩筍扁尖等用廚刀切成細絲。一併裝入小湯碗內。灑以食鹽。盛以香菌湯上甑蒸了數透。加入蔴油。便可供食了。

附注

本食品爽口異常。味又鮮美無雙。洵美肴也。

第十四種　冰荳腐湯

作料

冰荳腐二塊。　嫩筍一只。　榨菜半兩。　食鹽四錢。　蔴油一錢。

用具

鍋一只。　爐一只。　廚刀一把。　小湯碗一只。　甑籠一具。

方法

將冰荳腐用熱水融解。用廚刀切成小方塊。和預先切好的筍片榨菜絲。一併倒入鍋內。加以食鹽。和清水同煮。燒了二透。滴入蔴油。便可起鍋供食了。

附注

冰荳腐這樣東西。是在冬天把荳腐冰成功的。他的味道。眞絕倫無比。

第十五種　素薺菜肉絲羹

作料

薺菜半斤。　荳腐乾五塊。　香菌屑扁尖屑各少許。　蒸粉少許。　食鹽半兩。　蔴油一錢。

用具

鍋一只。　爐一只。　厨刀一把。　小湯碗一只。　甑籠一具。

方法

把薺菜揀去草污。同清水入鍋。焯了一透。用冷水過清。用厨刀切成細屑。再把荳腐乾切成細絲。和香菌屑扁尖屑等。一併傾入鍋內。加些食鹽。用清水燒他一二透。卽下蒸粉着膩。食時。滴以麻油。以引香味。

附注
荳腐乾。以香荳腐乾爲最佳。

第十六種　菠菜湯

作料
菠菜半斤。　嫩筍一只。　香菌四只。　食鹽四錢。　蔴油一錢。

用具
鍋一只。　爐一只。　厨刀一把。　小湯碗一只。　甑籠一具。

方法
把菠菜洗淨。用厨刀切成寸段。和筍片香菌一起倒入鍋內。加些清水。同時灑以食鹽。關蓋燒他一二透。卽可盛起。加以蔴油。便可食了。味亦適口。

附注 菠菜需揀小嫩。若老若黃。都不適用。

第十七種　燒腐丸

作料 荳腐二塊。香菌五只。扁尖一兩。冬筍一只。荳腐衣三張。菜油二兩。醬油二兩。白糖一撮。蔴油一錢。

用具 鍋一只。爐一只。厨刀一把。小湯碗一只。甑籠一具。

方法 先把荳腐。用厨刀切成小塊。然後以扁尖屑香菌屑冬筍屑等。和醬油拌在一起。用荳腐衣包成肉丸形。再將油鍋燒熱。倒入煎黃。加以醬油香菌湯。燒至二透。下以白糖和味。起鍋加些蔴油。更覺清香適口。

附注 本食品沒有荳腐衣。可用粉皮代之亦佳。從事者可隨時定之。

第十八種　燒素捲

作料 粉皮八張。　菜油四兩。　醬油一兩。　白糖二兩。　蔴油一錢。

用具 鍋一只。　爐一只。　厨刀一把。　小湯碗一只。　甑籠一具。

方法 把粉皮用熱水過清。逐張捲成條子。放入熱油鍋內。汆至鬆黃為度。下以醬油再燒。待至湯乾。和以白糖。片時。卽可起鍋。切成寸段。裝入碗內。滴以蔴油。就可食了。

附注

本食品鬆脆異常。食時。蘸以甜蜜醬。更覺可口。喜食酸的。亦可加酸醋。

第十九種　燒素腰片

作料

荳腐乾八塊。　菜油一兩半。　荸薺五箇。　嫩笋一只。　醬油一兩。

白糖一撮。　蔴油一錢。

用具

鍋一只。　爐一只。　厨刀一把。　小湯碗一只。　甑籠一具。

方法

把荳腐乾用厨刀劃以刀路。再斜切成片。然後倒入熱油鍋內。煎至一透。加以荸薺片。笋片等。炒一反身。下以醬油清水。再燒一透。灑以白糖。味和之後。便可起鍋。加以蔴油。以引香味。他的形貌和眞者略似。味則遜色多多了。

附注

本食品用的湯水宜緊在起鍋時。或著些膩頭亦佳。亦可隨時定之。

第二十種　蘿蔔湯

作料

蘿蔔一箇。　冬筍一只。　醬油半兩。　蔴油一錢。

用具

鍋一只。　爐一只。　厨刀一把。　括鉋一箇。　小湯碗一只。　甑籠一具。

方法

把蘿蔔洗淨。以括鉋鉋去他的皮。和以預先用厨刀切好的冬筍絲。然後倒入鍋內。加以清水。蓋鍋蓋燒他一透。下以醬油。再燒一透。卽可起鍋。加以蔴油。就可食了。味甚可口。

附注

本食品燒時。或加以香菌和香菌湯同煮。味更鮮美。

第二十一種　小燒荳腐

作料

荳腐四塊。　木耳半兩。　菜油三兩。　食鹽三錢。　醬油一兩。　白糖一兩。　香料少許。　蔴油一錢。

用具

鍋一只。　爐一只。　厨刀一把。　小湯碗一只。　甑籠一具。

方法

把荳腐用清水過清。用厨刀切成小塊。放入熱油鍋內。四面煎透。同時加以食鹽。下以清水。再放以醬油香料。蓋鍋蓋燒他數透。便用白糖。和味。要時。就可起鍋供食了。香頭另加蔴油。

附注

荳腐有二種燒法。一種叫做大燒。一種叫做小燒。大燒是多些作料。小燒是少些作料。他的味道自然各極其妙。尋常以小燒荳腐爲佳。

第二十二種　冬筍湯

作料

冬筍一只。　雪裏蕻一紮。　食鹽三錢。　蔴油一錢。

用具

鍋一只。　爐一只。　厨刀一把。　小湯碗一只。　甑籠一具。

方法

把冬筍剝去外籜。用厨刀切成片子。再把雪裏蕻切成細屑。一併倒入鍋內。加些清水。關蓋燒他一二透。卽就食時。灑以蔴油。更引香美。

附注
冬笋和雪裏蕻兩樣東西。爽口異常。燒時沒有雪裏蕻。可用榨菜代之。味亦不惡。若不用冬笋。可用別種笋類代之。

第二十三種　蓴菜湯

作料
蓴菜二兩。　嫩笋一只。　香菌六只。　食鹽四錢。　香菌湯一碗。

用具
鍋一只。　爐一只。　厨刀一把。　小湯碗一只。　甑籠一具。

方法
把蓴菜用透水過淸。更以嫩笋用厨刀切成片子。和香菌一併倒入鍋內。灑以食鹽。和香菌湯同煮。待煮二三沸。卽可起鍋供食了。

附注

香菌放大時。可加些食鹽。或黃酒均佳。晉張翰爲大司馬東曹掾。因見秋風起。思吳中蓴羹。因命駕歸。他的價值可知了。蓴菜產在西湖爲最著名。

第二十四種　茅荳子湯

作料

茅荳子一杯。　嫩笋一只。　醬油半兩。　蔴油一錢。

用具

鍋一只。　爐一只。　厨刀一把。　小湯碗一只。　甑籠一具。

方法

把茅荳子預先剝好。和嫩笋片。一起倒入鍋內。燃火燒之。加以淸水。蓋鍋蓋燒了數透。就可盛起。滴以蔴油。便可食了。他的味道很爲淸爽。

附注

茅荳子上甑蒸透。裝入小湯碗內。和清水或香菌湯再蒸。味也鮮美。

第二十五種　油荳腐湯

作料

油荳腐十箇。　香菌六只。　茅荳子二匙。　醬油一兩。　蔴油一錢。

用具

鍋一只。　爐一只。　小湯碗一只。　甑籠一具。

方法

把香菌放好。加清水入鍋煮湯。然後把油荳腐香菌茅荳子等一併裝入小湯碗內。加以醬油香菌湯上甑蒸透。食時。滴入蔴油。以引香味。

附注

油荳腐就是油片。他的味道很鮮。爲素中佳品。

第二十六種　水荳腐花湯

作料

水荳腐花一碗。 嫩筍一只。 香菌五只。 醬油一兩。 蔴油二錢。

用具

鍋一只。 爐一只。 厨刀一把。 小湯碗一只。 甑籠一具。

方法

把水荳腐花入水過清。再把嫩筍用厨刀切成片子。和香菌一起倒入鍋內。燃火燒透。和入醬油水荳腐香菌湯。同煮二透。卽可起鍋。加些蔴油。以引香味。食之鮮嫩無比。

附注

本食品燒時。先把筍片香菌。燒煮一透。然後加入水荳腐花。否則水荳腐花。越燒越老。不適於口。食之而無味。

第二十七種　蓴菜荳腐湯

作料

蕈菜一兩。　荳腐一塊。　笋絲榨菜絲各若干。　食鹽四錢。　蔴油一錢。

用具

鍋一只。　爐一只。　厨刀一把。　小湯碗一只。　甑籠一具。

方法

把蕈菜和荳腐用熱水過清。用厨刀切成方塊。和笋絲榨菜絲等。一起入鍋燒之。加些食鹽。和清水同煮。食時。滴以蔴油。更形香美。

附注

蕈菜荳腐湯。這樣東西。味道很鮮。燒時。或加些陳黃酒亦佳。

第二十八種　蘆笋湯

作料

蘆筍二兩。　蔴菇四只。　香菌六只。　醬油半兩。　蔴油一錢。

用具

鍋一只。　爐一只。　厨刀一把。　小湯碗一只。　甑籠一具。

方法

把蘆筍用熱水過清。用厨刀切成薄片。再把蔴菇香菌入鍋煮湯。然後一一裝入小湯碗中。下以醬油香菌湯。上甑蒸透。滴以蔴油就可食了。鮮嫩無埒。

附注

本食品清爽適口。味亦絕倫。爲素中佳肴。

第二十九種　扁尖湯

作料

扁尖半兩。　茅荳子二匙。　醬油半兩。　蔴油一錢。

用具 鍋一只。 爐一只。 廚刀一把。 小湯碗一只。 甑籠一具。

方法 把扁尖用水泡浸。用廚刀切成細絲。和茅荳子倒入鍋內加清水燒之。加以醬油。同煮二沸。滴以蔴油。便可食了。他的味道也很鮮嫩。

附注 本食品燒時。若加些冬菜。味更清爽可口。惟扁尖以揀選嫩頭爲上。

第三十種 冬菜湯

作料 冬菜半兩。 嫩筍一只。 醬油半兩。 蔴油一錢。

用具 鍋一只。 爐一只。 廚刀一把。 小湯碗一只。 甑籠一具。

方法

把嫩筍用厨刀切成片子。和冬菜倒入鍋內。加以醬油清水等同煮數沸。滴以蔴油。便可食了。其味適口異常。

附注

本食品爽口異常。味亦佳美。若和些白糖。更爲鮮美。

第三十一種　榨菜湯

作料

榨菜一兩。　冬筍一兩。　香菌五只。　醬油半兩。　蔴油一錢。

用具

鍋一只。　爐一只。　厨刀一把。　小湯碗一只。　甑籠一具。

方法

把榨菜冬筍用厨刀切成細絲。和放好的香菌倒入鍋內。下以醬油香菌湯。同煮一二透。滴以蔴油。就可食了。他的味道。爽脆得很。

附注

本食品燒又簡便。味又適口。他的製法詳第一輯冷盆類。

第三十二種　香菌湯

作料

香菌十只。白蕈十箇。嫩笋一只。食鹽四錢。陳黃酒半兩。

用具

鍋一只。爐一只。厨刀一把。小湯碗一只。甑籠一具。

方法

把白蕈入鍋加清水煮熟。即可剝去他的殼。再把香菌用清水放好。以笋用厨刀切好片子。一併置於小湯碗內。盛以香菌湯。然後加下食鹽陳黃酒等。上甑蒸熟。便可食了。味亦清冽。

附注

香菌需裝碗面。否則很不雅觀。再白菓宜取去其心。以免苦味。

第三十三種　素湯卷

作料

粉皮三張。　黄玉六只。　陳黄酒三錢。　嫩笋一只。　食鹽四錢。　大蒜葉少許。

用具

鍋一只。　爐一只。　厨刀一把。　小湯碗一只。　甑籠一具。

方法

把粉皮用厨刀切成條子，用温水過淸。再把黄玉用陳黄酒搶之。更以粉皮裝入碗內。和黄玉笋片等蓋面。加食鹽淸湯。上甑蒸透。片時卽就。灑以大蒜葉。便可食了。他的味道。毫無腥氣。鮮美過於眞的湯卷。

附注

素湯卷這樣東西。味又鮮美。形極相似。以之餉客。備受歡迎。且嘆新奇。

第三十四種　素肉丸湯

作料

荳腐二塊。食鹽三錢。香椿頭屑木耳屑各少許。麫粉一盅。香菌六只。醬油半兩。蔴油一錢。

用具

鍋一只。爐一只。厨刀一把。小湯碗一只。甑籠一具。

方法

先把香菌放好。入鍋同清水煮湯。再把荳腐濾乾汁水。用厨刀一切四塊。逐一調爛。同時加以食鹽香椿頭屑木耳屑等拌和。一一倒入麫粉盅內。滾成肉丸形。卽成素肉丸。然後把香菌湯燒熱。將素肉丸倒下。加以醬油香菌等。同燒二透。灑以蔴油。就可食了。他的形狀。亦和眞者無異。

附注

本食品的素肉丸。可在熱油鍋內氽鬆。和香菌湯同煮。他的味道。還要更好十倍哩。

第三十五種　細粉湯

作料

細粉半斤。　油麪筋十箇。　茅荳子二匙。　醬油半兩。　蔴油一錢。

用具

鍋一只。　爐一只。　厨刀一把。　小湯碗一只。　飯籠一具。

方法

把細粉用水過淸。用手捋斷。和油麪筋茅荳子等。一倂倒入鍋內。加以醬油清水。同煮二沸。卽可盛起。滴些蔴油。便可食了。

附注

本食品燒時。或加些香菌。和香菌湯同煮。味道還要好哩。細粉的製法。是用蒸粉做成的。

第三十六種　海帶絲湯

作料

海帶絲二兩。　嫩笋一只。　食鹽四錢。　蔴油一錢。

用具

鍋一只。　爐一只。　厨刀一把。　小湯碗一只。　甑籠一具。

方法

把海帶絲用熱水過淸。用厨刀切成寸段。和笋片倒入鍋內。燃火燒之。少時。加以食鹽淸水等。再煮二透。卽就。滴些蔴油。便可食了。

附注
本食品清爽異常。味亦鮮美。

第三十七種 荳腐衣湯

作料
荳腐衣二張。 油麪筋十箇。 扁尖四根。 醬油半兩。 蔴油一錢。

用具
鍋一只。 爐一只。 厨刀一把。 小湯碗一只。 甑籠一具。

方法
先把荳腐衣用厨刀切碎。用熱水過清。再把扁尖切成細絲。和油麪筋。一併倒入鍋內。燃火燒透。加入醬油清水等。同煮二沸。食時。加以蔴油。以引香味。

附注

本食品若加些筍片。味更可口。

第三十八種　絲瓜湯

作料

絲瓜二條。　菜油一兩。　茅荳子二匙。　食鹽四錢。

用具

鍋一只。　爐一只。　刮鉋一箇。　厨刀一把。　小湯碗一只。　甑籠一具。

方法

把絲瓜用刮鉋鉋去他的皮。入水洗凈。用厨刀切成纏刀塊。把他倒入熱油鍋內。炒一反身。放入茅荳子。撒些食鹽。和清水同煮。蓋鍋蓋燒他二透。即可起鍋。以備供食。

附注

本食品燒時。不可多燜。多燜就要變色。味亦不佳。因絲瓜多水汁。清水宜少用。

第三十九種　人參條湯

作料

人參條一根。　嫩筍一只。　醬油半兩。　蔴油一錢。

用具

鍋一只。　爐一只。　厨刀一把。　小湯碗一只。　甑籠一具。

方法

把人參條。用厨刀切成寸段。和預先切好的筍片倒入鍋內。加清水燒之。下以醬油。關蓋燒他二透。卽可盛起。滴以蔴油。就可食了。

附注

人參條是麪筋汆的。形似人參。故名人參條。出售處。以無錫爲最。

第四十種　香菜湯

作料
香菜二兩。　菜油半兩。　嫩笋一只。　醬油半兩。　蔴油一錢。

用具
鍋一只。　爐一只。　厨刀一把。　小湯碗一只。　甑籠一具。

方法
把香菜用清水洗淨。用厨刀切成細屑。然後倒入熱油鍋內。炒一反身。傾以笋片。加以醬油清水等。蓋鍋蓋燒煮二透。即就食時。加些蔴油。以引香味。

附注
本食品爽口得很。味亦香美。若加入白糖少許。他的味道。亦甚可口。

第四十一種　素鵝湯

作料

百葉六張。　荳腐衣三張。　嫩笋一只。　香菌六只。　醬油一兩。　蔴油一錢。

用具

鍋一只。　爐一只。　厨刀一把。　小湯碗一只。　甑籠一具。

方法

把百葉用熱水過清。捲成條子。用荳腐衣包在外面。上甑蒸透。把他用厨刀切成寸段。然後裝入小湯碗中。蓋以笋片香菌等。盛以醬油香菌湯。再上甑蒸一透。食時。加下蔴油。味更鮮美。

附注

素鵝的作料。很不一定。一種是把粉皮做的。一種是把蒸粉做的。但以上兩種湯水。很不清爽。總不若百葉爲佳。如若不信。請一試之。

第四十二種　荳腐乾絲湯

作料　荳腐乾六塊。　嫩笋絲扁尖絲榨菜絲各少許。　醬油半兩。　蔴油一錢。

用具　鍋一只。　爐一只。　厨刀一把。　小湯碗一只。　甑籠一具。

方法　把荳腐乾。用厨刀切成細絲。和笋絲扁尖絲榨菜絲等。裝入小湯碗內。盛入醬油清水等。再上甑蒸二透。滴入蔴油。便可食了。味極清嫩。於夏日尤宜。

附注　本食品若加香菌三五只。味更鮮美。

第四十三種　雪筍湯

作料

醃雪裏蕻一兩。　嫩筍一只。　食鹽三錢。　蔴油一錢。　菜油半兩。

用具

鍋一只。　爐一只。　厨刀一把。　鏟刀一把。　小湯碗一只。　甑籠一具。

方法

把醃雪裏蕻洗淨。用厨刀切成細屑。然後倒入熱油鍋內。用鏟刀炒之。少時。灑以食鹽。加些清水。關蓋再燒二透。滴些蔴油。就可食了。鮮美撲鼻。頗堪適口。

附注

本食品燒又簡便。味又適口。眞正好呀。惟鮮筍不能久藏。很不滿意。今探得一法。把筍脫去他的殼。用厨刀縱剖而橫斷之。藏於罎中口上以稻草塞結。倒置於鹽水的擂盆中。可歷久不壞。始能常食鮮味。法甚良佳。

第四十四種　蔴菇荳腐湯

作料

蔴菇十只。　荳腐一塊。　嫩筍一只。　醬油一兩。　蔴油一錢。

用具

鍋一只。　爐一只。　厨刀一把。　小湯碗一只。　甑籠一具。

方法

先把蔴菇用清水放好。用厨刀切碎。再把荳腐亦切成小塊。然後倒入鍋內。投以筍片。和蔴菇湯同煮。蓋鍋蓋燒煮一透。把荳腐倒入。再燒一透。即可盛起。滴些蔴油。就可食了。顏色既潔淨。味道又鮮美。眞能令人忘其饑飽。

附注

本食品爲素菜中很鮮的一種菜司。

第四十五種 香菌荳腐湯

作料

香菌八只。 荳腐一塊。 冬筍一只。 食鹽三錢。

用具

鍋一只。 爐一只。 厨刀一把。 小湯碗一只。 甑籠一具。

方法

把香菌用清水放好。然後入鍋加清水煮湯。再把荳腐。用厨刀切成小塊。和筍片一併倒入鍋內。加些食鹽。和香菌湯。同煮一二透。卽可起鍋供食了。

附注
本食品味美可口。亦爲素中佳肴。持齋者。當必嘗其風味也。

第四十六種　木耳湯

作料
木耳三錢。　嫩笋一只。　醬油半兩。　蔴油一錢。

用具
鍋一只。　爐一只。　厨刀一把。　小湯碗一只。　甑籠一具。

方法
把木耳用水放好。笋用厨刀切成薄片。然後裝入小湯碗內。再把木耳蓋面。盛以醬油清湯。上甑蒸透。滴些蔴油。便可供食。

附注
木耳放來。越大越好。今將種木耳法述下。法以木耳種子。用臼研成細末。在三月間佈種。撒於桑木柿木柳木楮木接骨木等木上。再用稻草覆之。至四五月時。灑以米泔水。隔了幾月。就成木耳。即可採下。曬乾候用。

第四十七種　茅荳子羹

作料

茅荳子二匙。　荳腐一塊。　筍屑扁尖屑少許。　食鹽三錢。　蒸粉少許。　蔴油一錢。

用具

鍋一只。　爐一只。　小湯碗一只。　甑籠一具。

方法

把荳腐用水洗淨。用厨刀切成小塊。和茅荳子筍屑扁尖屑等。一起倒入鍋內。同清水燒之。約一透。加以食鹽。片刻。下以蒸粉著膩。滴以蔴油。

便可食了。

附注

本食品湯水宜緊。否則乏味。最好在甑上蒸熟後。候用。可免燒黃。

第四十八種　荳腐鬆湯

作料

荳腐一塊。　菜油二兩。　香菌八只。　醬油半兩。　蔴油一錢。

用具

鍋一只。　爐一只。　布一方。　筷一雙。　小湯碗一只。　甑籠一具。

方法

把荳腐用布濾去汁水。用筷稍爲調爛。然後倒入熱油鍋內。以氽鬆爲度。再裝入小湯碗中。把香菌蓋於碗面。放入醬油香菌湯。上甑蒸熟。滴入蔴油。便可食了。

附注
荳腐汆來越鬆越好。參看第一輯冷盆類。荳腐鬆的製法亦可。

第四十九種　粉皮鬆湯

作料
粉皮一張。　菜油二兩。　香菌六只。　醬油半兩。　蔴油一錢。

用具
鍋一只。　爐一只。　厨刀一把。　小湯碗一只。　甑籠一具。

方法
把粉皮用厨刀切成方塊。用熱水過清。然後倒入熱油鍋內。把他汆鬆。再裝入小湯碗內。以香菌蓋面。盛入醬油香菌湯。上甑蒸透。加些蔴油。以引香味。就可食了。

附注

本食品鬆爽可口。味美無比。

第五十種　蘿蔔鬆湯

作料

蘿蔔一箇。　食鹽二錢。　嫩笋一只。　菜油二兩。　香菌六只。　醬油半兩。　蔴油一錢。

用具

鍋一只。　爐一只。　刮鉋一箇。　厨刀一把。　小湯碗一只。　甑籠一具。

方法

把蘿蔔皮用刮鉋鉋去。用厨刀切成片子。灑些食鹽。用手搾去汁水。然後倒入熱油鍋內。以汆黃爲度。卽行盛起。裝入小湯碗內。再把笋片香菌蓋於碗面。盛以醬油香菌湯。上甑蒸他一二透。加些蔴油。便可食了。

附注

蘿蔔需揀結實而清白。若老若空。都不適用。參看第一輯冷盆類蘿蔔鬆的製法亦可。

第四輯 大湯類

第一種 燒素獅子頭

作料

蘿蔔一斤。 山芋一只。 菓肉半兩。 嫩青菜四兩。 菜油二兩。 醬油二兩。 白糖二錢。 青葱三枝。 陳黃酒二錢。

用具

鍋一只。 爐一只。 布袋一箇。 厨刀一把。 大湯碗一只。 甑籠一具。

方法

先把蘿蔔用厨刀切片。入鍋燒爛。以布袋擠乾水汁。再以山芋燒熟。葷肉研碎。葱切細屑。一同和在一起。做成圓餅。然後入鍋。用油煎透。加入醬油陳黃酒。燒了一透。再入焯熟的嫩青菜。加些食鹽白糖。略燒片時。便可盛食了。

附注

葷肉就是花生剁成的。

第二種　荳腐湯

作料

荳腐二塊。　荳腐衣二張。　山芋一只。　蔴菇四只。　蠶荳一升。　香菜芝蔴末核桃片若干。　食鹽半兩。

用具

鍋一只。　爐一只。　厨刀一把。　蔴袋一只。　大湯碗一只。　甑籠一具。

方法

把荳腐荳腐衣山芋用厨刀切成小塊。再將蠶荳煮熟。盛入袋中。搾取其汁。頻頻冲以原湯。然後把荳腐荳腐衣山芋和放好的蔴菇。入鍋燒他。燒了二三透。再加食鹽香菜芝蔴末核桃片。霎時。卽可食了。

附注

本食品滋補異常。

第三種　燒八寶素肉丸

作料

荳腐四塊。嫩笋一只。香菌扁尖荸薺松仁瓜薑各若干。蒸粉一杯。菜油二兩。醬油二兩。陳黃酒二錢。白糖二錢。蔴油二錢。

用具

鍋一只。爐一只。厨刀一把。大湯碗一只。甑籠一具。

方法

把荳腐擠去汁水。以箏解籜。用厨刀切片。和香菌扁尖荸薺松仁瓜薑等。一同斬成細醬。加蒸粉揑成圓丸。然後將油鍋用武火燒熱。倒入煎透。加入陳黃酒醬油。再燒片刻。和入白糖。起鍋再入蔴油。濃厚異常。

附注

本食品用的香菌扁尖。需先放好爲妥。

第四種　杏仁荳腐羹

作料

杏仁半斤。荳粉一碗。蔴菇十隻。木耳十隻。醬油四兩。白糖二錢。蔴油二錢。

用具

鍋一只。爐一只。手磨一具。蔴袋一只。鏟刀一把。厨刀一把。

大湯碗一只。甑籠一具。

方法

把杏仁先浸一夜。脫皮搗碎。徐徐下水。入手磨中磨細。盛於蔴袋裹。兩手用力搾取濃汁。同清水入鍋。燒了一透。和入荳粉。用鏟攪和。煮不待沸。即行起鍋。候冷凝凍。用厨刀切成方塊。然後用蔴菇湯同煮。再加入木耳蔴菇醬油等。蓋鍋蓋燒一透。和味加糖。味和即可起鍋。另滴蔴油。鮮嫩無比。

附注

本食品爲素席中的佳品。

第五種　荳葉羹

作料

蠶荳葉四兩。嫩筍一只。蔴菇半兩。木耳半兩。食鹽半兩。白糖二錢。蔴油二錢。

用具

鍋一只。爐一只。厨刀一把。大湯碗一只。甑籠一具。

方法

把蠶荳嫩葉洗淨。再把蔴菇木耳同湯汁和筍絲。先行入鍋燒透。加下食鹽。然後倒入洗淨的蠶荳嫩葉同煮。俟透和入白糖。即可起鍋。滴下蔴油。清香撲鼻。

附注

本食品宜於病人。

第六種　素狀

作料

荳腐衣二張。荳腐二塊。扁尖屑香菌屑嫩筍屑葱屑若干。醬油二兩。熟菜油二兩。蔴油一錢。

用具

鍋一只。爐一只。厨刀一把。白布一塊。大湯碗一只。甑籠一具。

方法

先把荳腐衣入油鍋中汆過色黄卽可鏟起。然後把荳腐放在布中擠乾。倒入碗中。同醬油菜油葱屑扁尖屑香菌屑嫩筍屑等。拿筷調和。蓋上荳腐衣入鍋蒸透。灑些蔴油。就可食了。

附注

本食品味亦不惡。形亦近似。

第七種　素雞湯

作料

蔴菇半兩。香菌半兩。荳腐二塊。百葉四張。荳腐衣二張。香椿頭屑一撮。食鹽二錢。扁尖絲半兩。乾蒸粉一盅。醬油二兩。

用具

鍋一只。爐一只。厨刀一把。鏟刀一把。鉢頭一箇。大湯碗一只。甑籠一具。

方法

先把蔴菇香菌用透水放在鉢內。再把荳腐用厨刀一切四塊。濾去汁水。逐一調爛。更以食鹽和香椿頭屑拌和。放入蒸粉盅內。滾成丸形。再入熱油鍋內煎透。卽成素肉丸。然後鏟起。再將荳腐衣和百葉用温水過清。把百葉對拆成四。用荳腐衣包於外面。用甑蒸透。切成小塊。卽成素雞。然後把蔴菇香菌撈起。亦切小塊。整備大湯碗一只。將蔴菇香菌放入碗底。把素雞素肉丸扁尖絲等。鋪於碗面。同時加以蔴菇香菌湯和醬油等。上甑蒸透。食時加些蔴油以引香味。

附注

本食品的鮮味。和葷雞湯無異。爲素席中的美品。

第八種　燒素三鮮

作料

油麪筋二十個。　蘆笋二兩。　香菌半兩。　菜油二兩。　醬油一兩。

白糖一兩。　蔴油一錢。　蒸粉少許。

用具

鍋一只。　厨刀一把。　鏟刀一把。　大湯碗一只。　甑籠一具。

方法

把蘆笋和香菌用透水放過。用厨刀切成細絲。再把油麪筋切碎。同時放入熱油鍋內。酌加清水一杯。蓋鍋蓋。燒了一透。加以醬油再燒二透。放入白糖。用蒸粉著膩。即鏟起。食時撒以蔴油。更形清香。

附注

燒時沒有蘆筍。可用冬筍代之。味亦不惡。

第九種　燒素雞

作料

百葉十張。豆腐衣五張。冬筍二只。香菌一兩。菜油二兩。食鹽二錢。醬油一兩。白糖半兩。蔴油二錢。

用具

鍋一只。爐一只。廚刀一把。鏟刀一把。甑籠一具。大湯碗一只。

方法

先把香菌放好。和冬笋剝去外殼。用厨刀切成長細條。再把百葉和荳腐衣用温水過清。把百葉每二張捲成長條。裏面酌加冬笋一二條。用荳腐衣包在外面。上甑蒸了數透。把他切斷。即成素雞。放入熱油鍋內。煎了一透。加入食鹽醬油。和香菌湯同煮。蓋鍋蓋燒了數透。再加白糖和味。即可起鍋。盛在湯碗裏面。撒以蔴油。更形香美無比。

附注

本食品的鮮味。勝於葷雞十倍。不信。請爲試嘗試嘗。

第十種　蓴菜羹

作料

蓴菜一兩。　蔴菇六只。　香菌五只。　冬笋一只。　食鹽二錢。　蒸粉少許。　蔴油一錢。

用具

鍋一只。爐一只。廚刀一把。大湯碗一只。甑籠一具。

方法

先把蔴菇香菌放好。和蕁菜用廚刀切成細絲。再把冬筍剝殼。亦切成細屑。然後將蔴菇香菌湯倒入鍋內。放以蔴菇香菌冬筍絲蕁菜等同煮。加以食鹽。蓋鍋蓋燒了數透。用蒸粉著膩。即可起鍋。滴入蔴油。便可食了。

附注

本食品的蕁菜。須在透水中一泡。否則恐生脂膩。

第十一種　燒素蹄膀

作料

山芋二只。粉皮四張。菜油二兩。食鹽一錢。冬筍一只。冬菜屑少許。醬油半兩。白糖半兩。

用具

鍋一只。　爐一只。　厨刀一把。　鏟刀一把。　大湯碗一只。　甑籠一具。

方法

先把山芋用水入鍋燒爛。然後起鍋。用粉皮包在外面。切成寸段。再入熱油鍋內煎透。把冬笋剝去外殼。用厨刀切成小塊。同清水和食鹽醬油等放入。蓋蓋再燒三四透。再加以冬菜屑白糖等和味。然後起鍋。置於大湯碗內。和蹄膀無異。食時肥爛無比。爲素席中之特品。

附注

本食品沒有山芋。可用山藥代之。味亦絕倫。

第十二種　紅燒山藥

作料

山藥一斤。　菜油二兩。　醬油二兩。　白糖一兩。　白礬末少許。　葱屑若干。

用具

鍋一只。　爐一只。　竹刀一把。　鏟刀一把。　大湯碗一只。　甑籠一具。

方法

先把山芋入水洗淨。用竹刀刮去外皮。浸於水中。加白礬末少許。隔宿洗淨。切成方塊。倒入熱油鍋內。炒一反身。加以清水一杯。蓋鍋蓋燒爛。然後放入食鹽醬油等。再燒一透。和以白糖。少時。即可起鍋。撒以葱屑。尤爲香美。

附注

本食品燒時若加筍片。味更絕倫。惟山藥以肥大者爲上。

第十三種　人參八寶湯

作料

人參一只。　桂圓肉半兩。　蜜棗八個。　出核青梅二只。　出核酸梅一只。　木穉米少許。　玫瑰醬半盅。　冰屑二兩。

用具

鍋一只。　爐一只。　厨刀一把。　大湯碗一只。　甑籠一具。

方法

先把人參用透水浸於大湯碗內。待輭取出。和桂圓肉蜜棗青梅酸梅等。用厨刀切成細屑。倒入鍋內。加以淸水一碗。和人參湯同煑。燒時須用炭火。約半句鐘。加以木穉米玫瑰醬冰屑等。再燒一二透。卽可起鍋。供食了。

附注

本食品滋補異常。又加適口。眞絕倫無比。務望嗜味者請爲一試。

第十四種　蔴菇湯

作料

蔴菇十只。香菌八只。蓮子十個。嫩笋一只。醬油半兩。黃酒半兩。蔴油一錢。

用具

鍋一只。爐一只。厨刀一把。大湯碗一只。甑籠一具。

方法

先把蓮子煮熟。剝去他的心。然後把蔴菇香菌用清水放好。笋用厨刀切成薄片。一同裝入大湯碗內。傾下蔴菇湯。再加醬油黃酒。上甑蒸了敷透。滴以蔴油。卽可供食。

附注

本食品的味道。鮮美絕倫。

第十五種　萸玉湯

作料
萸玉十只。　嫩筍一只。　蔴菇八只。　扁尖五根。　茅荳子半盅。　陳黃酒半兩。　食鹽七錢。　白糖半兩。

用具
鍋一只。　爐一只。　大湯碗一只。　甑籠一具。

方法
把萸玉用陳黃酒搶好。裝入大湯碗內。用筍片蔴菇扁尖絲茅荳子等。鋪於碗面。加食鹽黃酒白糖清湯等。入甑蒸之三四透。卽可供食。味美無比。

附注

本食品爲素中之王。嗜素者。請試嘗之。

第十六種　燒羅漢

作料

荳腐二塊。　嫩笋一只。　蔴菇六只。　香菌八只。　葛仙米四錢。　菜油一兩。　醬油一兩。　蔴油二兩。

用具

鍋一只。　爐一只。　厨刀一把。　鏟刀一把。　湯碗一只。　甑籠一具

方法

把蔴菇香菌放於大湯碗內。再將葛仙米用透水泡浸。然後把荳腐做成素肉丸。倒入熱油鍋內煎黃。即可鏟起。把蔴菇香菌素肉丸笋片等。裝入大湯碗底。以葛仙米鋪於碗面。冲以醬油蔴菇湯。上甑蒸三四透。滴入蔴油。即可食了。

附注

素肉丸的製法。詳本輯第一種素鷄湯內。

第十七種　刺參湯

作料

蒸粉一碗。　木耳屑半兩。　嫩筍一只。　香菌十只。　食鹽二錢。　醬油一兩。　香菌湯一碗。　蔴油一錢。

用具

鍋一只。　爐一只。　厨刀一把。　大湯碗一只。　甑籠一具。

方法

先把香菌放好。然後用蒸粉和木耳屑食鹽等拌和。入鍋燒透。凝結成漿。盛起候乾。用厨刀切成刺參形。入篩撳出細刺。和刺參無異。然後把筍片香菌等傾入大湯碗中。再將刺參蓋於碗面。加以醬油香菌湯上甑蒸了數透。滴入蔴油。以備供食。

附注

本食品和刺參無異。形極酷似。

第十八種　甜菜

作料

芡實半斤。　出核蜜棗十個。　蓮子二十粒。　桂圓肉一匙。　冰屑四兩。

用具

鍋一只。　爐一只。　大湯碗一只。　甑籠一具。

方法

把芡實和蓮子用滾水放好。上甑蒸了一透。把蓮子心剝去。然後和芡實蜜棗桂圓肉等倒入大湯碗內。鋪以冰屑。用透水盛滿。再上甑蒸透。

就可供食。

附注

本食品若加檸檬油一滴。更爲甜美。又是清爽。

第十九種　蔴菇香菌湯

作料

蔴菇半兩。　香菌半兩。　嫩筍一只。　醬油一兩。　蔴油二錢。

用具

鍋一只。　爐一只。　厨刀一把。　大湯碗一只。　甑籠一具。

方法

把蔴菇香菌預先放好。然後把用厨刀切好的筍片。裝入大湯碗內。再鋪以蔴菇香菌。盛以蔴菇香菌湯。上甑蒸之。約三四透。投以蔴油以備供食。

附注

本食品的鮮美。眞可愛哪。

第二十種　大燒荳腐

作料

荳腐六塊。　菜油半斤。　食鹽三錢。　白糖半兩。　香菌八只。　醬油四兩。　香料若干。　蒸粉半盅。

用具

鍋一只。　爐一只。　厨刀一把。　大湯碗一只。　甑籠一具。

方法

把荳腐用厨刀一切四塊。倒入鍋內。焯了一透。用清水過清。再以油鍋燒熱。把荳腐四面煎黃。煎時撒以食鹽。然後倒以香菌湯醬油香料等同煮。約三四透。投以白糖和味。再後用蒸粉著膩。便可食了。

附注

香菌預先放好。把湯汁和荳腐同煮。味更鮮美。

第二十一種　蔴菇荳腐湯

作料

蔴菇八只。　陳黃酒四錢。　荳腐二塊。　冬笋一只。　茅荳子二匙。

用具

鍋一只。　爐一只。　廚刀一把。　大湯碗一只。　甑籠一具。

方法

把蔴菇用透水放好。撒以陳黃酒。少時取出。和荳腐冬笋用廚刀切成小方塊。一同倒入鍋內。傾以蔴菇湯同煎。加以食鹽。蓋鍋蓋燒了數透。便可起鍋食了。

附注

本食品味美可口。爲素中佳品。

第二十二種　燒神仙茄

作料

茄子十只。　荳腐二塊。　蘑菇屑香菌屑扁尖屑各若干。　食鹽三錢。
蘑菇湯一碗。　醬油四兩。　白糖半兩。

用具

鍋一只。　爐一只。　筷一雙。　大湯碗一只　甑籠一具。

方法

先把茄子洗淨。摘去茄蒂。將腹內的子肉盡行挖空。然後把荳腐打爛。同時加以蘑菇屑香菌屑扁尖食鹽等調和。納入茄子中。納就後。仍將原蒂蓋好。把蘑菇湯倒入鍋內。更把茄子同時投入。加以醬油。關蓋便燒。二透之後。改用文火。帶燜帶燒。燒至成熟時。再加白糖。少時方可起鍋。

乘熱供食。味很鮮美。

附注

本食品的茄子。須採用小嫩而有式樣的。若大老歪醜。都不適用。萬勿採取。

第二十三種　紅燒麪筋

作料

荳腐二塊。油麪筋十餘個。木耳屑香椿豆屑若干。食鹽三錢。

菜油二兩。嫩筍一只。白糖半兩。

用具

鍋一只。爐一只。厨刀一把。大湯碗一只。甑籠一具。

方法

把油麪筋穿一小孔。後將荳腐打爛。同時加以木耳屑香椿豆屑食鹽等調和。納入油麪筋內。納就後。倒入熱油鍋內。煎了一透。加以清水筍片醬油等。然後再燒一二透。和以白糖。片時卽可起鍋供食。

附注

油麪筋以無錫爲最。

第二十四種　紅燒腐乾

作料

荳腐乾二十塊。　冬笋一只。　菜油二兩。　醬油半兩。　白糖一兩。薑屑葱屑若干。

用具

鍋一只。　爐一只。　厨刀一把。　大湯碗一只。　甑籠一具。

方法

把荳腐乾用厨刀對切爲二。倒入熱油鍋內。煎了一二透。倒以清水一杯。更加筍片醬油等。待至數透。再加白糖和味。少時撒以薑屑葱屑。即可起鍋。香美可口。

附注 荳腐乾以南京爲最著。法以白坯荳腐乾。加餳糖及五香料燒成的。

第二十五種 素魚塊

作料 蒸粉一碗。蔴菇六只。食鹽三錢。木耳屑二匙。菜油二兩。嫩筍一只。醬油一兩。蔴油二錢。

用具 鍋一只。爐一只。厨刀一把。大湯碗一只。甑籠一具。

方法 把蔴菇用水放好。然後用蒸粉和食鹽入鍋燒透。凝結成漿。盛起候乾。

用厨刀切成方塊。正面逐一黏以木耳屑。再把油鍋燒熱。倒入煎氽以鬆黃爲度。卽成素魚塊。然後將筍片蔴菇裝入大湯碗內。舖以素魚塊。加以醬油和蔴菇湯。上甑蒸三四透。滴以蔴油。味很鮮美。

附注

蒸粉先把淸水過淸。否則恐生酸味。不合衞生了。

第二十六種　燒素栗子雞

作料

栗子半斤。　百葉八張。　腐衣四張。　人參條四根。　蔴菇六只。　菜油二兩。　醬油二兩。　蔴菇湯一碗。　白糖半兩。

用具

鍋一只。　爐一只。　厨刀一把。　鏟刀一把。　大湯碗一只。　甑籠一具。

方法 把栗子用厨刀切開。入鍋加清水燒爛。脫去他的殼。盛器候用。再把百葉用透水過清。每二張包人參條一根。外面再包腐衣。用厨刀切成寸段。倒入熱油鍋内煎透。卽成素雞。然後把蘑菇醬油等放入。更以蘑菇湯同煎。待至栗子鬆爛。傾以白糖和味。卽可起鍋。以備供食。

附注 燒素雞的鮮味。和眞雞的鮮味。還要鮮哪。

第二十七種　紅燒素海參

作料 白皮瓜二個。　嫩笋一只。　菜油二兩。　食鹽二錢。　蘑菇八只。　白菜心二兩。　蘑菇湯一碗。　醬油二兩。　白糖一兩。　葱屑少許。

用具

鍋一只。爐一只。刮鉋一把。厨刀一把。鏟刀一把。大湯碗一只。甑籠一具。

方法

把白皮瓜用刮鉋刮去他的皮。用厨刀切成海參形。入鍋焯一透。用清水過清。放入熱油鍋內。撒以食鹽。鏟一翻身。把冬筍白菜心切片。一起倒入鍋內。和醬油蔴菇湯同煎。蓋鍋蓋燒三四透。用白糖和味。片時。卽可鏟起。撒以葱屑。更形清香。味美絕倫。

附注

做素海參的作料很不一定。有的用荳腐。有的用蘿蔔。不過他的味道。不若白皮瓜爲佳。

第二十八種　清筍湯

作料

蔴菇六只。香菌四只。嫩笋一只。陳黃酒二錢。醬油一兩。蔴油二錢。

用具

鍋一只。爐一只。厨刀一把。大湯碗一只。甑籠一具。

方法

把蔴菇香菌用食鹽擦就。用水洗淨。然後入鍋。加以清水煮湯。然後把蔴菇香菌和笋片一起裝入碗內。加下醬油黃酒。再加入蔴菇湯。上甑蒸了數透。滴入蔴油。味極清香。

附注

清笋湯這樣東西。氣味清爽。皆謂素中佳肴。

第二十九種　燒素鱔和

作料

粉皮一斤。冬菰一只。嫩笋一只。菜油二兩。冬菰湯一碗。醬油一兩。白糖半兩。蒸粉少許。蔴油二錢。

用具

鍋一只。爐一只。厨刀一把。大湯碗一只。甑籠一具。

方法

先把冬菰用水放好。再行洗淨。然後把粉皮用厨刀切成細條。用熱水過清。倒入熱油鍋內。炒一反身。加以冬菰湯醬油笋絲等同煮。燒他二透。和以白糖。少時。卽用蒸粉著膩。便可起鍋。食時滴以蔴油。味更香美。

附注

本食品在燒的時候。湯汁須緊。鹹味須和。那自然可口了。

第三十種　大燒茄子

作料

茄子十只。油麪筋十餘個。菜油二兩。水薑二片。食鹽二錢。
醬油一兩。白糖二兩。

用具

鍋一只。爐一只。厨刀一把。鏟刀一把。大湯碗一只。甑籠一具。

方法

把茄子用水洗淨。用厨刀切成纏刀塊。然後倒入熱油鍋內。炒一反身。同時加以食鹽薑片等。同淸水半碗。和油麪筋加入同煮。燒至微爛。再加醬油。用白糖和味。卽可供食。味美無比。

附注

本食品的茄子。又小又嫩。否則恐不適用。

第三十一種 冬菰湯

作料

冬菰一兩。荳腐一塊。嫩笋一只。香菌屑扁尖屑若干。菜油一兩。醬油一兩。蔴油二錢。

用具

鍋一只。爐一只。厨刀一把。大湯碗一只。甑籠一具。

方法

先把冬菰用清水放好。用厨刀切碎。再把荳腐亦切成小方塊。然後倒入熱油鍋內一煎。用笋絲香菌屑扁尖屑等傾入。和冬菰湯同煮三四透。把醬油倒入。再燒一透。卽可盛起。滴入蔴油。味美絕倫。

附注

冬菰湯這樣東西。亦是素菜中很鮮的一種菜司。

第三十二種　雜色湯

作料

蔴菇六只。 香菌六只。 嫩笋一只。 油麪筋八個。 葛仙米半兩。

醬油一兩。 陳黃酒二錢。 蔴油二錢。

用具

鍋一只。 爐一只。 厨刀一把。 大湯碗一只。 甑籠一具。

方法

把蔴菇香菌用清水放好洗淨。用厨刀切成小塊。將葛仙米用透水泡浸。然後把笋片和蔴菇香菌油麪筋等裝入碗內。蓋以葛仙米。加入陳黃酒醬油蔴菇湯。上蒸甑透。滴以蔴油。即可供食。

附注

葛仙米這樣東西。放時須用銅器。否則恐變黃色。很不雅觀。

第三十三種 燒紅棗

作料　紅棗一斤。　荸薺半斤。　白糖半斤。

用具　鍋一只。　爐一只。　大湯碗一只。　甑籠一具。

方法　把荸薺剝去外皮。和紅棗倒入鍋內。加以清水一碗。蓋蓋燒透。放以白糖。再燒數透。卽可起鍋。甜美可口。

附注　起鍋時。若加玫瑰醬半杯。尤爲適口。

第三十四種　油麪筋湯

作料　油麪筋十餘個。　茅荳子二匙。　嫩筍一只。　香菌六只。　醬油一兩。

蔴油二錢。

用具

鍋一只。爐一只。大湯碗一只。甑籠一具。

方法

把香菌洗淨。入鍋煮湯。然後把茅荳子筍片香菌等。裝入大湯碗內。蓋以油麪筋。盛以香菌湯。上甑蒸透。食時滴以蔴油。香美適口。

附注

本食品清爽可口。味很鮮美。

第三十五種 素米鴨

作料

荳腐二塊。糯米飯半碗。白菓二十粒。冬筍屑香菌屑扁尖屑各若干。食鹽二錢。菜油四兩。香菌湯一碗。醬油一兩。蔴油二錢。

用具

鍋一只。爐一只。廚刀一把。筷一雙。鏟刀一把。大湯碗一只。甑籠一具。

方法

把糯米煮飯。更以白菓燒熟去殼。然後把荳腐和冬筍屑香菌屑扁尖屑和食鹽等。用筷調和。倒入熱油鍋內。煎成一塊。起鍋候用。再以油鍋燒熱。把糯米飯炒一反身。盛入大湯碗內。加以白菓。碗面傾以荳腐。再加醬油香菌湯。上甑蒸透。食時滴以蔴油。味美無比。

附注

素米鴨這樣東西。和眞米鴨無異。他的味道。到也十分可愛。

第三十六種　燒葱椒芋艿

作料
芋艿半斤。　菜油三兩。　食鹽半兩。　葱屑半盅。
用具
鍋一只。　爐一只。　鏟刀一把。　大湯碗一只。　甑籠一具。
方法
把芋艿脫去其皮。倒入熱油鍋內。引鏟亂炒。見他脫生。拿食鹽及葱屑一併入鍋。引鏟再炒。略下些水。關蓋再燒。改用文火。以爛爲度。便可起鍋供食。肥爛無比。
附注
燒芋艿須用文火。若用烈火。則必外焦裏生。食他便覺減色了。

第三十七種　水荳腐花湯

作料

水荳腐花一碗。　冬筍一只。　茅荳子二匙。　醬油一兩。　蔴油二錢。

用具

鍋一只。　爐一只。　厨刀一把。　大湯碗一只。　甑籠一具。

方法

把水荳腐用清水過清。再把冬筍焯好。用厨刀切片。將茅荳子一起裝入大湯碗內。盛滿清水。加以醬油。上甑蒸透。食時滴以蔴油。以引香味。

附注

水荳腐花以嫩爲佳。

第三十八種　榨菜湯

作料

榨菜二兩。　嫩筍一只。　香菌六只。　扁尖三根。　食鹽二錢。　蔴油一錢。

用具

鍋一只。　爐一只。　厨刀一把。　大湯碗一只。　甑籠一具。

方法

把榨菜嫩笋香菌扁尖等。用厨刀切成細絲。一併倒入鍋內。撒以食鹽和香菌湯同煮。蓋鍋蓋燒他數透。卽可盛起。滴入蔴油。卽可供食。

附注

榨菜湯這樣東西。淸爽適口。食時若加菌油。味更出色。

第三十九種　粉皮湯

作料

粉皮半斤。　香菌五只。　嫩笋一只。　茅荳子二匙。　醬油一兩。　蔴油一錢。

用具

鍋一只。爐一只。厨刀一把。大湯碗一只。甑籠一具。

方法

把粉皮用厨刀切成條子。用熱水過淸。再把香菌放好煮湯。然後用筭片茅荳子香菌等。一起倒入鍋內。加以醬油。蓋鍋蓋燒他數透。卽可起鍋。食時滴以蔴油。味香可口。

附注

放香菌的時候。須用食鹽洗擦。不用食鹽。倒以黃酒半兩代之亦佳。

第四十種　燒油包子

作料

粉皮十張。荳腐三塊。食鹽三錢。香菌屑木耳屑各少許。菜油三兩。醬油一兩。白糖兩半。

用具

鍋一只。爐一只。厨刀一把。筷一雙。大湯碗一只。甑籠一具。

方法

把粉皮用熱水過清。再把荳腐和香菌木耳屑等。用筷調爛。同時加以食鹽。把粉皮逐張包裹。倒入熱油鍋。煎至鬆黃爲度。傾以淸水半碗。和白糖等放入。關蓋燒他數透。用白糖和味。少時。卽可供食。

附注

本食品燒時宜緊湯爲妙。否則不甚適口。

第四十一種　絲瓜湯

作料

絲瓜二條。菜油一兩。食鹽三錢。茅荳子二匙。嫩筍一只。香菌五只。蔴油一錢。

用具

鍋一只。爐一只。厨刀一把。鏟刀一把。大湯碗一只。甑籠一具。

方法

把絲瓜用厨刀切成纒刀塊後。即倒入熱油鍋內炒之。引鏟亂炒。撒以食鹽。把茅荳子笋片香菌和香菌湯同煮。燒過數透。即可盛入大湯碗內。滴以蔴油。即可供食。

附注

絲瓜生於夏時。燒時須用小嫩爲佳。若黃老者。很不適用。注意注意。

第四十二種　三鮮湯

作料

蔴菇六只。　蘆笋一兩。　榨菜半兩。　醬油半兩。　蔴油一錢。

用具

鍋一只。　爐一只。　廚刀一把。　大湯碗一只。　甑籠一具。

方法

把蔴菇洗淨。入鍋煮湯。再把蘆筍用透水過清。蔴菇和榨菜等。用廚刀切成細絲。一起裝入大湯碗內。盛以蔴菇湯醬油等。上甑蒸透。食時滴以蔴油。清香可口。味美絕倫。

附注

三鮮湯這樣東西。是用蔴菇湯同煮的。他的味道。很爲鮮潔。且能爽口健胃。很有益衞生。

第四十三種　紅燒東瓜

作料

東瓜一斤。　菜油二兩。　醬油三兩。　白糖一兩。　蔴油一錢。

用具

鍋一只。爐一只。廚刀一把。刮鉋一個。大湯碗一只。甑籠一具。

方法

把東瓜刮去外皮。用廚刀切成薄片。倒入熱油鍋內。四面煎爆。待他爆透。便將醬油清水同時加入。再煎一透。更以白糖灑入鍋中。和味之後。方可起鍋。加些蔴油。以引香味。

附注

紅燒東瓜這樣東西。湯水宜緊。否則恐不適口。

第四十四種　紅燒白菜

作料

白菜半棵。　菜油二兩。　食鹽二錢。　油麪筋十餘個。　香菌八只。
嫩笋一只。　醬油二兩。　白糖一兩。　蔴油少許。

用具

鍋一只。　爐一只。　厨刀一把。　大湯碗一只。　甑籠一具。

方法

把白菜純取其心。用厨刀切成薄片。然後倒入熱油鍋內。撒以食鹽。炒一反身。把油麫筋香菌筍絲和香菌湯醬油等。一併加入。關蓋同燒二透之後。便將白糖灑入。再燜片刻。卽可起鍋。加些蔴油。以引香味。

附注

本食品燒時。湯汁不宜過多。多則乏味。

第四十五種　木耳茅荳羹

作料

木耳屑一撮。　茅荳子一茶杯。　菜油一兩。　醬油三兩。　白糖一撮。
芡粉半杯。　蔴油一錢。

用具

鍋一只。　爐一只。　厨刀一把。　大湯碗一只。　甑籠一具。

方法

把木耳屑茅荳子等。一併倒入熱油鍋內。炒一反身。把醬油清水入鍋。燒煮二透之後。加入白糖。味和之後。卽下芡粉著膩。便可起鍋。灑些蔴油。以引香味。

附注

燒時沒有芡粉著膩。可用蒸粉代之亦佳。

第四十六種　燒荳腐乾絲

作料

香荳腐乾十塊。　醬油二兩。　白糖一撮。　蔴油二錢。　薑絲少許。

用具

鍋一只。 爐一只。 厨刀一把。 大湯碗一只。 甑籠一具。

方法

把荳腐乾用厨刀切成細絲。先行入鍋。和入醬油清水。先煎一透。用白糖加入。再燒一透。味和之後。起鍋。加些蔴油薑絲。可供食了。

附注

本食品燒時。清水不宜多用。能拿香菌湯同煮。味尤鮮美。

第四十七種 燒青蠶荳子

作料

青蠶荳子一碗。 嫩筍一只。 菜油二兩。 食鹽三錢。 白糖一撮。 蔴油二錢。

用具

鍋一只。 爐一只。 鏟刀一把。 厨刀一把。 大湯碗一只。 甑籠一具。

方法

把蠶荳子倒入熱油鍋內。引鏟亂炒。脫生爲度。加以清水和筍塊等燒煮二透。撒以食鹽。再燒一透。用白糖和味。片刻。即可起鍋。加些蔴油以引香味。

附注

青蠶荳子這樣東西。不宜多燜。燜則變黃色。味亦不佳。

第四十八種　荳瓣湯

作料

荳瓣半碗。　香菌六只。　香菌湯一碗。　醬油一兩。　蔴油一錢。

用具

鍋一只。　爐一只。　厨刀一把。　大湯碗一只。　飯籠一具。

方法

把香菌放好煮湯。再以荳瓣上甑蒸熟。然後裝入大湯碗內。蓋以香菌和入香菌湯醬油等。一併加入。再上甑蒸透。食時滴以蔴油。味更鮮美。

附注

木食品燒時。若加茅荳子一匙。色彩更有可觀。味又不惡。

第四十九種　燒豇荳

作料

豇荳二紮。　嫩笋一只。　菜油一兩。　食鹽四錢。　白糖一撮。　蔴油一錢。

用具

鍋一只。　爐一只。　厨刀一把。　鏟刀一把。　大湯碗一只。　甑籠一具。

方法

把豇荳用水洗淨。用厨刀切成寸段。然後倒入熱油鍋內。把鏟刀亂鏟。灑以食鹽。把清水笋片加入。二透之後。利以白糖。再燜片時。卽行起鍋。加些蔴油。味更香美。

附注

本食品湯水宜緊。多則乏味。色又不美。

第五十種　冬菰荳腐湯

作料

冬菰十只。　荳腐一塊。　冬笋一只。　醬油半兩。　蔴油一錢。

用具

鍋一只。　爐一只。　厨刀一把。　大湯碗一只。　飯籠一具。

方法

把冬菰用透水放好。再把荳腐冬笋用厨刀切成小塊。然後把冬菰入鍋煮湯。更以荳腐冬笋裝入大湯碗內。蓋以冬菰。加以醬油和冬菰湯。上甑蒸他數透。灑些蔴油。便可供食。

附注

本食品不必加湯。原汁已經足够。否則乏味不美。

第五輯　點心類

第一種　咖啡茶

作料

柿核半斤。　方糖二塊。　清水若干。

用具

鍋一只。　爐一只。　鏟刀一把。　手磨一具。　咖啡杯一只。　茶匙一把。

方法 先把柿子的核。用清水洗淨。再將鐵鍋燒熱。以柿核倒下。用鏟炒他極脆。然後移入手磨中。摔成細末。同熱滾水泡入咖啡杯中。臨食時。再加方糖。或加香蕉糖。檸檬糖均可。用茶匙調和。俟糖融化後。即可飲了。他的氣味。和眞咖啡差不多的。

附注 眞咖啡的泡製法。將咖啡煎成濃汁。撩去茶葉即成。如用大麥炒焦。以沸水泡出亦佳。

第二種 檸檬茶

作料 檸檬菓一只。 咖啡茶二茶匙。 清水若干。

用具

茶吊一把。 火爐一只。 洋刀一把。 玻璃杯數只。 茶匙數把。

方法

把咖啡二茶匙。倒入玻璃杯中。用熱滾水泡成濃汁。俟冷。撩去茶葉分盛數杯。候用。再把檸檬菓。用刀切成薄片。每杯置檸檬菓片二三片。將茶匙壓在杯的下面。再用沸水。泡成一杯。我們渴的時候。就可供飲了。

附注

檸檬茶酸美異常。飯後飲用。易助消化。

第三種 松子茶

作料

松子仁一粒。 雨前茶葉二茶匙。 清水若干。

用具

茶吊一把。 火爐一只。 茶杯一只。

方法

把松子一粒。放在茶葉裏面。用力徧擦。覆於桌上。隔了片時。同雨前茶葉。用熱滚水泡好。用以解渴。清香四溢。令人撲鼻。

附注

如加糖汁。以供飲用。他的味道。尤爲甜美。

第四種　清凉茶

作料

紅雨前三錢。　西洋參鬚一錢。　金銀花二錢。　甘菊花二錢。　麥冬二錢。　生甘草五分。　花紅一箇。　鮮荷葉一角。　清水若干。

用具

茶吊一把。　火爐一只。　磁器壺一把。　茶杯一只。

方法

把紅雨前。西洋參鬚。金銀花。甘菊花。麥冬。生甘草。花紅及洗淨的鮮荷葉。一併倒入磁器壺內。用開水泡滿。微冷。卽可飲了。

附注

本茶的味道。甘凉芬芳異常。常飲可解暑熱。

第五種　炒米茶

作料

白糯米一升。　清水若干。

用具

鍋一只。　爐一只。　鏟刀一把。　瓦罐一箇。　飯籮一只。　篚一只。碗一只。

方法

先把白糯米。用飯籮淘淨。推入篚中吹乾。再入鍋中。用鏟攪炒。炒至老黃色爲度。便卽鏟起。用器貯藏。飲時任取多少。放入瓦罐中。煨爛。看見米已鬆大。卽可飲了。味甚香美芬芳。

附注

若淡食不佳。可用榨菜過食。功能開胃。又能消食除積。

第六種　風米茶

作料

風米（粳米）一升。　清水若干。

用具

鍋一只。　爐一只。　鏟刀一刀。　瓦罐一只。　飯籮一只。　籚一只。

碗一只。

方法

把粳米風在梁間。愈陳愈佳。卽成風米。用飯籮淘淨。推入籚中。置於通風處。陰乾。便入鍋中。炒熟。炒成老黃色。用鏟鏟起。入器。貯藏。以供隨時取用。用的時候。隨便取了、多少。置於瓦罐中。燃火燒爛。使米化開。卽可。供食。

附注

患病初愈。飲風米茶。最爲相宜。功同炒米茶。

第七種　菊花茶

作料

黃菊花十朶。（藥店內均有出售）　清水若干。

用具

茶吊一把。　火爐一只。　茶壺一把。　茶杯一只。

方法

把黃菊花放入茶壺內。再將火爐生着。清水加滿茶吊。然後放上火爐。

待至沸騰。開入黃菊花茶壺內。以茶壺蓋關上。隔了片時。倒在茶杯內。即可供飲了。

附注

功能清肺益氣。

第八種　橄欖茶

作料

青橄欖四箇。　紅茶（或綠茶）二茶匙。　清水若干。

用具

茶吊一把。　火爐一只。　茶壺一把。　茶杯一只。

方法

把青橄欖。用刀切成兩爿。同紅茶倒入茶壺內。如喜飲綠茶（即淡茶）可換綠的。再將火爐燃燒。放上茶吊。歇了片刻。即可沸騰。然後泡入茶壺內。再隔片時。卽可倒出。傾入茶杯。稍冷。卽可飲的。

附注

按我鄉風俗。每逢陰曆元旦。無論男女老幼。必飲橄欖茶以誌慶。

第九種　荷蘭水

作料

小蘇打（卽炭酸鈉）七分。蒸溜水一瓶。糖汁半杯。檸檬油一滴。香蕉油一滴。橙皮油一滴。楊梅油一滴。葡萄酸六分。

用具

荷蘭水瓶一箇。　玻璃杯一只。

方法

先把蒸溜水入瓶。加以糖汁。待他融解。加檸檬油香蕉油橙皮油楊梅油及葡萄酸。最後加入小蘇打。如在卜內門公司購的。是叫荷蘭水喊。

一名重炭酸曹達。則水中立卽發出無數氣泡。當其發炭酸氣時。急卽用一手掩緊瓶口。將瓶身倒置。切不可令他走氣。則瓶頸中玻璃珠滚下。自能緊塞瓶口。不致外溢。過了一分鐘。以手離去瓶口。將瓶翻正則玻璃珠不會墜下了。飲時開瓶卽可。味甚爽胃。蓋藉炭酸氣之力也。

附注

如玻璃珠仍不能緊塞瓶口。可以手緊塞瓶口。重搖數下。則無不驗者。若隨製隨飲。可不必裝瓶了。

第十種　菓子露

作料

洋白糖十斤。　蒸溜水二十斤。　香蕉五斤。

用具

鍋一只。　爐一只。　磁缸一只。　白布一塊。　大燒瓶一箇。　蛇紋管一箇。　玻璃瓶一箇。　玻璃杯一只。　吸水管一根。

方法

先把洋白糖。和入蒸溜水內。等他融化。如用次的白糖。則水中有沉澱了。可以傾入鍋中。用文火燒透。俟冷。用磁缸一只。上面蓋以清潔的白布。將糖汁傾入。慢慢的濾過。使他清爽。再將香蕉去皮搗爛。以蒸溜水一二倍。和入香蕉裏。放於大燒瓶中。瓶置小鍋上。鍋盛水。置於爐上。再用蛇紋管。置於冷水槽中。連其上端於燒瓶。其下端則通出槽壁下部。與受器相連。布置既畢。於爐中燒炭加熱於鍋。則鍋中水熱而沸。燒瓶亦熱。瓶中香汁化汽。通入蛇紋管。再凝成液。流入受器。然後取已經濾過之糖汁三分。入於清潔之磁缸中。加香蕉露一分。用器攪勻。卽成香蕉菓子露了。便可裝入玻璃瓶中。以滿爲度。加以軟木塞。入攝氏六十度溫水內。歷五分鐘。以殺細菌。塗以火漆。封固候用。食時。開蓋。飲之。他的味道。清香芳冽。

附注 如用檸檬菓汁做成的。即是檸檬菓子露了。餘可類推。

第十一種　荸薺炙

作料 荸薺十箇。　黃香梨一只。　菜油半兩。　蒸粉少許。　冰糖半兩。

用具 鍋一只。　爐一只。　厨刀一把。　鏟刀一把。　洋盆一只。

方法 把荸薺及黃香梨。用厨刀切成薄片。然後燃火燒熱鐵鍋。倒入菜油。待他沸騰。即將切好的荸薺。和黃香梨。一併倒入。引起鏟刀。亂炒數下。速將蒸粉傾下。再炒數下。加以冰糖。和味之後。即可起鍋。味香無比。

附注

本食品的可取處。在於甜爽。荸薺一名地梨。亦名地栗。

第十二種　榛栗羹

作料

榛栗四兩。　楂糕露一杯（或青梅露蜜蕈露亦可）　白糖一兩。

桂花醬少許。

用具

鍋一只。　爐一只。　鏟刀一把。　洋盆一只。

方法

把榛栗加清水。入鍋煮熟。然後撩起。速卽出殼。再加楂糕露。或青梅露。蜜蕈露。入鍋煎之。少時。加以白糖。一透之後。卽可起鍋。另加桂花醬。食之味的酸甜。異常可口。

附注

本食品的榛栗。焯熟的時候。盛起不可過冷。否則他的殼。不易脫了。

第十三種　蓮子凍

作料

蓮子一斤。　洋菜四兩。　冰糖一斤。

用具

鍋一只。　爐一只。　厨刀一把。　盤一只。　冰箱一只。　洋盆一只。

方法

把蓮子用滾水泡好。去皮及心。再用温水洗淨他的皮屑。乃入鍋燒爛如泥。再用洋菜冰糖。和水同煎。燒了數透。盛起置於盤內。放入冰箱。或井水激之。到了凝結。成凍時。然後用刀切成片塊。食之清涼鬆脆。味極鮮甘異常。

附注

木食品爲消暑上品。

第十四種　杏仁冰

作料

杏仁一斤。　冰糖一斤。　餳糖四兩。

用具

鍋一只。　爐一只。　石臼一只。　洋盆一只。

方法

把杏仁去皮。放入石臼內。用杵搗爛。去其渣滓。便同冰糖餳糖。入鍋熬煎成膠。盛起冷凍。卽可食了。

附注

本食品爲解肺中風寒滯氣的妙品。

第十五種　炸山楂

作料
山楂糕十小塊。　菜油四兩。　洋麪粉少許。　蒸粉少許。　白糖二錢。

用具
鍋一只。　爐一只。　厨刀一把。　大碗一只。　匙一把。　洋盆一只。

方法
先把山楂糕。用刀切成小方塊。再把洋麪粉。蒸粉白糖。和入清水一同調勻。然後把鐵鍋燃火燒熱。加入菜油。待他發沸。即可用匙。把山楂糕。入麪粉碗內浸過。便即匙起。放入鍋中。煎了黃透。即可裝入洋盆裏面。以備供食。

附注
本食品的味道。味酸而美。酥香異常。

第十六種 氽桃片

作料 胡桃片一斤。 菜油一斤。 白糖半斤。

用具 鍋一只。 爐一只。 大碗一只。 鐵絲爪篱一把。 洋盆一只。

方法 把胡桃片。用熱滾水泡浸。未幾。以手脫去他的皮。再把柴火燒旺。將油鍋燒熱。待他極熱。將胡桃片倒入。用鐵絲爪篱翻動。見他發黃。切勿過焦。卽用鐵絲爪篱撩起。瀝乾油質。速卽乘熱。拌上白糖。然後裝入洋盆裏面。食之鬆脆可口。

附注 本食品拌白糖的時候。必需乘熱。否則黏不着了。

第十七種　菊花片

作料

菊花十朵。　菜油四兩。　洋麪粉少許。　蒸粉少許。　白糖二錢。

用具

鍋一只。　爐一只。　大碗一只。　筷一雙。　洋盆一只。

方法

把菊花用清水洗淨。然後將洋麪粉。蒸粉白糖。加以清水。用筷在碗內打和。卽可將火燃着。燒熱油鍋。見他已發青烟。乃以筷慢慢將葉。入麪粉碗內浸過。浸之殆徧。便可轉入油鍋。煎甫黃。裝入洋盆裏面。乘熱食之。味很鬆脆。芳香尤烈。

注法

木食品的菊花。需以肥大者爲佳。

第十八種　蓮花片

作料　蓮花十朶。　菜油四兩。　洋麪粉少許。　蒸粉少許。　白糖二錢。

用具　鍋一只。　爐一只。　大碗一只。　筷一雙。　洋盆一只。

方法　把白荷花。取他初放的花瓣。再把洋麪粉。蒸粉白糖。和以清水。拌成稀薄漿糊。用筷鉗蓮花瓣。入漿糊內浸過。然後將鐵鍋燒熱。放入菜油。俟已發沸。卽可倒入。炆之微黃。卽行撩起。裝入盆中。再敷以白糖。味的香脆。可口異常。

附注　本食品宜在夏日。可以藉解暑氣。

第十九種　玉蘭片

作料

玉蘭花十朵。　菜油四兩。　洋麪粉少許。　蒸粉少許。　白糖二錢。

用具

鍋一只。　爐一只。　大碗一只。　筷一雙。　洋盆一只。

方法

把玉蘭花。純取沒有斑點的花瓣。然後將洋麪粉。蒸粉白糖。和入清水。用筷調成薄醬。再將火燃着。燒熱油鍋。即以洗淨的玉蘭花瓣。用筷拌以薄醬。鉗入汆之。見他漸黃。即可鉗起。裝入洋盆裏面。乘熱食之。香脆可口。

附注

按玉蘭花。即就是木筆花。開花在正二月的時候。

第二十種　山藥糕

作料

山藥一斤。白糖半斤。菜油半斤。炒米粉三合。蜜櫻桃十只。

蜜棗五箇。桂圓肉五箇。桂花醬少許。

用具

鍋一只。爐一只。廚刀一把。瓦缽一箇。甑籠一具。飯碗一只。

洋盆一只。

方法

把山藥。入清水洗淨。入鍋燒爛。卽行盛起。剝去他的皮。用刀入瓦缽中。攪爛。需極爛爲度。加入白糖。菜油炒米粉。一同打和。然後以蜜櫻桃。蜜棗。桂圓肉。桂花醬。鋪於碗底。徐徐裝入。上面覆以洋盆。上甑籠蒸之極透。然後取出翻轉。裝入盆中。卽可食了。

附注

本食品用的菜油。需要熬熟的。否則不甚出色。如中間嵌入夾砂心。味亦良佳。荳砂的製法。將紅赤荳（或蓁荳）燒爛後。去皮成砂。乃用蔴油炒之。再加桂花白糖。和些熱水。調成薄漿。卽可隨時取用了。

第二十一種　八寶飯

作料

白糯米一升。白糖半斤。菜油半斤。蓮心十粒。芡實二十粒。蜜棗十個。桂圓肉十箇。蜜葡萄十粒。

用具

鍋一只。爐一只。飯鑵一只。甑籠一具。瓦缽一只。飯碗一只。洋盆一只。

方法

把白糯米。用飯籮淘淨。然後上甑蒸熟。傾入瓦缽內。和以白糖菜油拌之極和。再放蓮心芡實。出核的蜜棗桂圓。及蜜葡萄。半鋪於碗底。即將拌和的糯米飯。裝入碗中。裝滿。上面蓋以洋盆。再行上甑。蒸了數透。取出翻轉。即可食了。

附注

本食品的菜油。需用熬熟的。

第二十二種　一品饅

作料

洋麪四升。　白酒脚一碗。　白糖二錢。　食鹽一撮。　鹹水半杯。　荳砂餡一碗。

用具

鍋一只。　爐一只。　缸一只。　厨刀一把。　甑籠一具。　筷一雙。　洋盆一只。

方法

把洋麪倒入缸內。再以白酒脚。和清水三碗。倒入鍋中。燒之。和以白糖食鹽。燒至微熱。卽行盛起。傾入洋麪缸中。用手拌之極和。待他發酵。見他中間已發細孔。卽是發酵。灑以鹼水。卽行搓成長條。形如木棍狀。然後用刀切斷。以手掌撳扁。把荳砂包入。包就。卽行上甑。蒸之數透。卽可作點心了。

附注

本食品的荳砂餡。是用紅赤荳。煮爛後。用白糖炒成的。

第二十三種　炒麪

作料

麪一斤。　菜油三兩。　筍一只。　香菌十只。　扁尖三四條。　白菜二兩。

用具　菠菜二兩。　食鹽三錢。

鍋一只。　爐一只。　厨刀一把。　鏟刀一把。　洋盆一只。

方法

把麪放入沸水中燒熟。用冷水過清。攤開吹乾。候用。即將鐵鍋燒熱。倒下菜油。待他沸騰。以麪倒入。用鏟亂炒。炒了良久。見他已呈黃色。下以放好的香菌扁尖。切好的筍絲。白菜及菠菜食鹽等。和些香菌扁尖水。再炒數透。便可食了。

附注

若麪過爛。炒則不爽。吃亦乏味。故麪的條子。以硬爲佳。

第二十四種　燒賣

作料

洋麪粉二升。荳腐五塊。木耳半兩。金針菜半兩。京冬菜半兩。
香菌半兩。食鹽三錢。菜油半兩。葱屑少許。

用具

鍋一只。爐一只。廚刀一把。趕鎚一箇。筷一雙。甑籠一具。
洋盆一只。

方法

把洋麪用清水拌和。不可過爛。如爛。可再加一些麪粉。然後用手搓成長條。用刀切成寸斷。放在麪粉上。以手揿扁。大如銀圓。再將趕鎚。在四周趕薄。當中需厚些。爲燒賣底。不可過薄。恐要穿的。卽以荳腐木耳屑。金針菜屑。京冬菜屑。香菌屑等。用筷調和。加以食鹽。菜油葱屑。再行調和。卽以坯托在掌心。包成燒賣。四邊皺緊。成荷葉邊狀。卽可上甑蒸透。食之味很適口。

附注

若底過薄。就易穿了。食亦乏味。

第二十五種　杏酪湯

作料

杏仁一碗。　白糖半兩。　桂花醬少許。

用具

鍋一只。　爐一只。　石臼一只。　手磨一具。　匙一把。　鏟刀一把。

碗一只。

方法

把杏仁用清水浸胖。去他的皮尖。用石臼舂之極爛。入手磨中擇細。徐徐冲水。純取其汁。然後倒入鍋中。加以清水。燒他一透。和以白糖。見他漸漸濃厚。加入桂花醬。卽可起鍋。用匙飲之。味很香甜。

附注
常飲能清肺止咳。

第二十六種　楂酪湯

作料
山楂糕三小塊。　白糖二錢。　桂花醬少許。
用具
鍋一只。　爐一只。　鏟刀一把。　匙一把。　碗一只。
方法
把山楂糕。和入清水。倒入鍋中。加下白糖。用鏟刀攪勻。然後加入桂花醬。再燒一透。便可供食。酸美得宜。
附注
飯後飲之易助消化。

第二十七種 荔枝羹

作料 新鮮荔枝十箇。 白糖半兩。 桂花醬少許。

用具 鍋一只。 爐一只。 鏟刀一把。 匙一把。 碗一只。

方法 把新鮮荔枝去殼。和以清水。放於鍋中。燃火燒之。燒他一透。加下白糖。引鏟漸漸攪勻。然後下以桂花醬。卽可盛食了。

附注 本食品的鮮美。可稱第一。無怪蘇氏有日食荔枝三萬顆的詩哩。

第二十八種 黑豇荳漿

作料

黑豇荳四合。　鹽花少許。

用具

鍋一只。　爐一只。　碗一只。

方法

把黑豇荳。用水洗淨。入鍋加以清水。燃着柴火。燒他極爛。然後撩去他的渣滓。盛入碗中。而飲其湯。稍加些鹽花。每天早晨的時候。若飲一次。很爲滋補。

附注

本食品吃的時候。甜鹹可隨意的。請諸君不必拘泥就是了。

第二十九種　檸檬露

作料

檸檬菓一只。　白糖二錢。

用具

杯一只。

方法

把檸檬菓。擠取他的汁水。盛入杯中。調以白糖。冲以開水。每逢飯後。吃他一杯。可治飲食停滯的不消化病。而且風味極佳。

附注

如買市上所售檸檬露亦佳。法以檸檬菓洗淨。剝去他的外皮。調和以白糖。置於玻璃瓶中。關蓋封口。勿使洩氣。我們用檸檬露時。可以此利用的了。如在燒飯煮粥的時候。放入檸檬露一匙於水中。他的米色。愈爲潔白。并且飯的質地。鬆軟得很。

第三十種　荳腐漿

作料

荳腐漿一碗。　白糖二錢。

用具

碗一只。

方法

把市上荳腐店內所出售的荳腐漿。加以白糖。亦在每天早晨的時候。飲他一次。他的功效。滋補勝於牛乳。並且可以令人面色光澤。肌膚白嫩。洵美品也。

附注

荳腐漿名荳腐酪。卽荳腐油。是用黃荳摔細。然後放在鍋中煎成的。他的顏色潔白。他的性質淸涼。屬水走腎。爲補精液的良物。瘦人屬火。肥人屬寒。瘦人則宜食。肥人則宜少食爲是。

第三十一種　橘酪湯

作料
橘子三只。　白糖二錢。　桂花醬少許。
用具
鍋一只。　爐一只。　鏟刀一把。　匙一把。　碗一只。
方法
把橘子剝去他的皮。分成數瓤。每瓤亦剝去他的皮。再去他的子核。同清水倒入鍋中燒透。和以白糖。再加桂花醬。以鏟攪勻。便即盛起。裝入碗中。用匙飲汁。味很甜美。
附注
本食品需甜蜜橘的。餘則不美。

第三十二種　茄絲餅

作料

洋麪粉半升。　茄子五只。　菜油二兩。　白糖半兩。　醬油一兩。　薑絲少許。　食鹽少許。

用具

鍋一只。　爐一只。　厨刀一把。　鏟刀一把。　匙一把。　大碗一只。　洋盆一只。

方法

先把茄子。去皮及柄。用刀切成細絲。以食鹽擦透。用清水洗淨。和以白糖。醬油薑絲等。再用洋麪粉拌清水。調成薄漿。然後將火燃着柴團燒熱油鍋。用匙倒下薄漿。先下一匙。將茄絲攤上。務使均勻。再下一匙。加些菜油。煎黃反身。以兩面皆黃為度。盛入盆中。味很可口。

附注

本食品的作料裏面。如加入黃酒青葱。味亦佳美。又茄子嫩的可不去皮。

第三十三種　煨熟藕

作料
嫩藕三枝。　白糯米半升。　鹼一塊。　白糖三兩。

用具
鍋一只。　爐一只。　竹刀一把。　竹籤數枝。　飯籮一只。　筷一雙。
洋盆一只。

方法
把嫩藕入水洗淨泥污。用竹刀每節切斷。再以每節斜切他的一端。即將飯籮淘好的糯米。用筷塞滿藕眼。仍以斜切的藕。用竹籤扦住。然後和清水入鍋。加以鹼屑。燃火燒之。待至藕爛。放入白糖。即可起鍋。食時。用刀切片。蘸以白糖。味很爽口。

附注

本食品用的餡。是著紅顏色的。或換用蠶荳殼水亦可。

第三十四種　刺毛糰

作料

糯米粉半升。　白糯米三合。　薺菜四兩。　香荳腐乾四塊。　菜油半兩。　醬油半兩。　白糖二錢。　食鹽少許。

用具

鍋一只。　爐一只。　厨刀一把。　甑籠一具。　夏布數塊。　洋盆一只。

方法

把糯米粉。和水拌濕。不可過爛。亦不可過乾。以適宜爲度。分成小塊。捏成空糰。皮子愈薄愈佳。乃以切細的薺菜。和入香荳腐乾屑。及菜油醬油。白糖食鹽等。拌和之後。包入糰心。搓成圓形。滚以糯米。上甑置夏布上。蒸熟。便可食了。

附注

本食品用的薺菜。我們常熟人。都叫做斜菜。

第三十五種　荸薺糕

作料

新鮮嫩荸薺一斤。　菉荳粉一斤。　白糖半斤。　杏仁精十滴。　薄荷油十滴。

用具

鍋一只。　爐一只。　厨刀一把。　石臼一只。　布一方。　鏟刀一把。　磁盆一只。　小叉一把。　洋盆一只。

方法

把荸薺用厨刀削去他的皮。用石臼搗爛。用布渣取他的汁。傾入鍋中。

加下蓑荳粉。白糖和水等。用文火細熬。用鏟刀攪勻。至湯起粘時。加下杏仁精。薄荷油。卽可盛入磁器盆中。用冷水激成冰凍。然後用厨刀切成小方塊。裝入盆內。用小叉叉食之。味甚甜美。爲點心中有名之品。

附注

荸薺俗稱地梨。亦名地栗。需要揀小而嫩的汁水因之可以多一點了。

第三十六種　蓑荳湯

作料

蓑荳半升。　蓮子半兩。　芡實半兩。　苡仁半兩。　蜜青梅五只。　蜜棗五箇。　糖紅瓜半兩。　白糖半斤。　薄荷湯一小缸。

用具

鍋一只。　爐一只。　厨刀一把。　匙一把。　碗一只。

方法

先把薄荷用沸水泡於缸中。取其面而棄其渣滓。再把蓮子。芡實苡仁等放好。及青梅切細。蜜棗去核。然後食時各取一匙。置於碗中。加以白糖。盛入薄荷湯。即可飲了。甘芳可口。莫與比倫。

附注

本食品宜於夏令。食之味甚涼爽。若平時多飲菉荳湯。可免喉症痧氣的傳染。惟宜在瓦罐內煮之。切忌銅鐵器。否則但足供食而沒有效的。

第三十七種　一捻酥

作料

洋麫粉一斤。　白糖半斤。　菜油四兩。　松子肉半兩。　胡桃肉半兩。

烏棗子十箇。　黑芝蔴二合。　杏仁十粒。　蜜棗十箇。　桂花醬少許。

用具

鍋一只。爐一只。篩子一只。鏟刀一把。洋盆一只。

方法

先把洋麪粉。入鍋炒熟。用器研細。用篩子篩過。與白糖清水拌和。再入鍋中。將菜油傾下。然後加入松子肉。胡桃肉。烏棗子。及黑芝蔴屑。杏仁。蜜棗。桂花醬等。一同引鏟炒和。速即乘熱捻成拳形。食之芳香異常。甘鬆絕倫。

附注

本食品在炒的時候。必需留意。務使炒得均匀。勿令枯焦。以免食之乏味。從事者所不可不注意的。

第三十八種　玫瑰堆

作料

洋麪粉一斤。白糖二斤。菜油二斤。玫瑰醬少許。

用具

鍋一只。　爐一只。　厨刀一把。　趕鎚一箇。　木盤一只。　洋盆一只。

方法

把洋麪粉分作二份。一份六分。一份四分。六分之中。用三分油七分水拌濕。需拌至極和爲度。再以四分之中。用七分油。三分水拌濕。亦需拌至極和爲度。然後均摘成小塊。兩數必求相等。否則過多過少。不能平均。均不適用了。再用大的包裹小的。搓成糰狀。用手撳扁。取趕鎚趕之使長。便卽捲轉。勝如竹筒。再用趕鎚趕之。務使趕長。又如筤箕。卽用厨刀切開。分爲二長條。套在二手指上。卷之使圓。揑平他的底。又勝如和尙帽。卽可盛於木盤內候用。乃以油鍋煎熱。將木盤中的玫瑰堆。慢慢的一箇一箇投入。見他開花已經九層。卽可撩起。仍放於木盤中中間嵌入白糖。玫瑰醬。按之使滿。便可裝入洋盆裏面。以備供客了。

附注

本食品在用刀切的時候。切開的這一端。不可作底捏平。若然錯了。煎時便不開花九層。食之不鬆。白糖亦無從按置。就不成爲玫瑰堆了。

第三十九種　細絲糕

作料

白糯米粉三斤。　白糖一斤。　交子肉半兩。　胡桃肉半兩。　烏棗子半兩。　對丁半兩。

用具

鍋一只。　爐一只。　木盤一只。　厨刀一把。　甑籠一只。　洋盆一只。

方法

把白糯米粉。放入木盤裏面。倒下白糖。和以清水。如在冬日。需用溫水。拌成柔軟。即可上甑。燃火蒸透。蒸了數透。即可蒸熟。便即盛起。置於木盤中。上面按以交子肉。胡桃肉。烏棗子及對丁等。用手按之。使他黏着。吃的時候。用刀切成半寸見方的小塊。裝入洋盆裏面。如已冷。務需再蒸。使熱後。卽可食了。他的味道美不堪言。

附注

本食品用的交子肉。卽就是西瓜子肉。對丁。卽就是紅綠絲以裝美觀的。

第四十種　藕粥

作料

白糯米半升。　嫩藕二枝。　白糖六兩。　桂花醬少許。

用具

鍋一只。　爐一只。　鏟刀一把。　厨刀一把。　銅鉋一箇。　磁盆一只。

淘籮一只。　布一方。　匙一把。　碗一只。

方法

把白糯米淘淨後。再以藕洗淨。去節。用刀切成小段。放在銅鉋上。鉋刮成漿。下承磁盆。取其汁水。用布漏清渣滓。和糯米放入鍋中。和以適當的清水。然後關蓋燒透。下以白糖。及桂花醬。再燒數透。到爛爛爲度。即可盛於碗中。用匙取食。味頗甜美。

附注

如加入各種香油。如檸檬油。香蕉油等類。味較良佳。

第四十一種　炒年糕

作料

年糕一方。　雪裏蕻半兩。　菜油二兩。　白糖四兩。　桂花醬少許。

葱屑少許。

用具

鍋一只。爐一只。廚刀一把。鏟刀一把。筷一雙。洋盆一只。

方法

把尋常家家在年底做成的年糕。或用寧波年糕。用刀切成半寸見方的小塊。惟寧波年糕。需切薄片。即將油鍋燒熱。以糕倒入炒之。見他四面皆黃。即以雪裏蕻葱屑放下。和些清水。關鍋蓋再燒數透。即行起鍋供食。用鏟盛於盆中。舉筷取食。若蘸以白糖桂花醬。頗饒風味。

附注

年糕爲新年裏請客用的常品。

第四十二種　茨菇片

作料

茨菇半斤。菜油四兩。飛鹽半兩。

用具

鍋一只。 爐一只。 廚刀一把。 筷一雙。 洋盆一只。

方法

把茨菇用清水洗淨。用廚刀切成薄片。然後燒熱油鍋。用筷鉗入茨菇片若干。反覆氽黃。片刻卽就。仍卽鉗起。盛於洋盆裏面。食時蘸以鹽花。味甚鬆脆。

附注

本食品氽得過於枯焦。則不可食了。又一時不易食完。可貯於玻璃瓶內。封固其口。隨時取食。

第四十三種 山芋片

作料

洋山芋半斤。 菜油四兩。 飛鹽半兩。

用具

鍋一只。爐一只。刮鉋一箇。厨刀一把。筷一雙。洋盆一只。

方法

把洋山芋用清水洗淨。用刮鉋刮去他的皮。再用厨刀切成薄片。卽可燃着草火。推入爐內燒旺。再以菜油倒入鍋內。待他發沸。以筷鉗入汆之。色黃卽就。可以貯入玻璃瓶中。以供食用。吃的時候。加下鹽花。味亦甚佳。

附注

本食品用的洋山芋。需用白心洋山芋爲佳。

第四十四種　汆菓肉

作料

落花生半斤。菜油半斤。飛鹽半兩。

用具

鍋一只。 爐一只。 鐵絲爪籬一只。 洋盆一只。

方法

把落花生。剝去他的外殼後。卽將油鍋燒熱。待他發滾。將剝好的花生肉倒入。煎了數透。見他浮起。卽是熟了。用鐵絲爪籬撩起。盛於洋盆裏面。吃的時候。再蘸以鹽花。味甚香脆。

附注

本食品在晨間以之佐粥。蘸以醬油。味亦不惡云。

第四十五種　月餅

作料

洋麪粉一斤。 菜油二斤。 白糖半斤。 松子仁半兩。 胡桃肉半兩。
青梅乾半兩。 交子仁半兩。 桂花醬少許。

用具

烘缸全付。盤一只。趕鎚一箇。刀一把。月餅匣數只。

方法

先把洋麪粉。分作二份。一份四分。一份六分。四分之中。用七分油。三分水。拌得軟轉爲度。六分之中。用三分油。六分水。也要拌得軟轉爲度。然後均要摘成小塊。兩數必求相等。再以大的包裹小的。搓成圓形。用手捺扁。取趕鎚趕長。便卽捲轉。好像竹管。將他豎直。用手捺扁中間包以百菓餡。四面揑攏。再用手稍爲捺扁些。卽成月餅。攤入烘缸。燃火烘之。待他四面皆黃。卽可供食了。如餽送親友。可裝以月餅匣。以作禮物之用。

附注

本食品用的餡。如改爲荳砂餡。味亦佳美。鄉人都以月餅在中秋節夜。焚香斗。燒銀燭。以齋月宮。不知始在什麼時候的。

第四十六種　春卷

作料　春卷皮半斤。　薺菜四兩。　筍一只。　香荳腐乾四塊。　菜油半斤。醬油半兩。　白糖二錢。　食鹽少許。

用具　鍋一只。　爐一只。　甑籠一具。　厨刀一把。　筷一雙。　洋盆一只。

方法　先把春卷皮。上甑蒸透。卽可張張撕開。用切細的薺菜屑筍屑香荳腐乾屑。和入醬油白糖食鹽等。拌和以後。以春卷皮包裹成卷狀。然後將油鍋燃火燒熱。用筷鉗入煎之。待他四面皆黃。卽可裝入洋瓶內。以備供食了。

附注

本食品若包白菜冬筍等。食之亦佳。

第四十七種 水餃子

作料

洋麪粉一升。 荳腐四塊。 木耳半兩。 香菌半兩。 金針菜半兩。
菜油半兩。 食鹽三錢。 葱屑少許。

用具

鍋一只。 爐一只。 麪杖一根。 四兩缽一只。 匙一把。 碗一只。

方法

把洋麪粉用水拌濕。用麪杖打成薄皮。愈薄愈佳。但不可穿。乃以四兩缽底。刻成圓形。然後以荳腐擠乾。加入放好的木耳香菌金針菜等屑。及菜油食鹽葱屑等。調和之後。以圓形塊包之。對摺搦緊邊皮。宛如半月形。卽可同清水入鍋燒透。盛於碗中。卽可食了。

附注

本食品包的時候。宜乎謹慎。否則穿了。食之乏味。

第四十八種　煎糰

作料

糯米粉半升。　荳腐二塊。　冬菰半兩。　木耳半兩。　菜油半斤。　醬油半兩。　食鹽葱屑若干。

用具

鍋一只。　爐一只。　厨刀一把。　筷一雙。　洋盆一只。

方法

把糯米粉。和水拌濕。用手摘成小塊。搓成圓形。揑成空糰。中間包以荳腐餡。先以荳腐擠乾汁水。加入放好冬菰木耳等屑。及菜油醬油食鹽葱屑等。調和候用。包就後。卽將油鍋燒熱。放好糰子煎之。煎之兩面皆黃。即熟。

附注

煎糰以皮薄露多爲最佳。可用洋菜。一同包入。則露必多了。

第四十九種　粽子

作料

白糯米一升。　紅棗子二十個。　粽箬若干張。　蔴線若干。　白糖一兩。

用具

鍋一只。　爐一只。　飯籮一只。　筷一雙。　洋盆一只。

方法

把白糯米用飯籮淘淨後。即可用粽箬。用手捲成三角形。或小脚狀。中實以米。及紅棗子數個。塞滿用粽箬包緊。用蔴線紮住。一對一對。放入鍋中。加以清水。即可燒了。待水燒乾。再加清水。再燒數透。盛起。剝去粽箬。蘸以白糖。味道很佳。

附注

本食品可以煎食。加葱屑鹽花尤佳。

第五十種　餈糰

作料

白糯米一升。　黑芝蔴四合。　赤砂糖四兩。　小粉少許。

用具

鍋一只。　爐一只。　飯籮一只。　木杵一根。　石臼一只。　籩一只。　胭脂棉一小塊。　洋盆一只。

方法

把白糯米用飯籮淘淨。入鍋加清水。水煮成糯米飯。用木杵舂爛。然後將黑芝蔴入鍋炒熟。用臼研細。和以赤砂糖。再以糯米飯分成數十塊。中間包以芝蔴餡。搦緊搓成圓形。置於籠內。籠內先置小粉。使不黏住。糰面中央。以胭脂棉點之。以裝美觀。

附注

本食品亦可煎食。爲尋常人家普通點心的一種。

素食譜終

民國十四年八月發行
民國三十年七月七版

素食譜（全一冊）

◎
實價國幣一元二角
（郵運匯費另加）

編者　常熟時希聖

發行者　中華書局有限公司
代表人路錫三

印刷者　上海澳門路
美商永寧有限公司

總發行處　昆明　中華書局發行所

分發行處　各埠　中華書局

（統）（三九六九）

書名：素食譜
系列：心一堂·飲食文化經典文庫
原著：【民國】時希聖
主編·責任編輯：陳劍聰

出版：心一堂有限公司
通訊地址：香港九龍旺角彌敦道六一〇號荷李活商業中心十八樓〇五一〇六室
深港讀者服務中心：中國深圳市羅湖區立新路六號羅湖商業大厦負一層〇〇八室
電話號碼：(852) 67150840
網址：publish.sunyata.cc
淘宝店地址：https://shop210782774.taobao.com
微店地址：　https://weidian.com/s/1212826297
臉書：　　　https://www.facebook.com/sunyatabook
讀者論壇：　http://bbs.sunyata.cc

香港發行：香港聯合書刊物流有限公司
地址：香港新界大埔汀麗路36號中華商務印刷大廈3樓
電話號碼：(852) 2150-2100
傳真號碼：(852) 2407-3062
電郵：info@suplogistics.com.hk

台灣發行：秀威資訊科技股份有限公司
地址：台灣台北市內湖區瑞光路七十六巷六十五號一樓
電話號碼：+886-2-2796-3638
傳真號碼：+886-2-2796-1377
網絡書店：www.bodbooks.com.tw
心一堂台灣國家書店讀者服務中心：
地址：台灣台北市中山區松江路二〇九號1樓
電話號碼：+886-2-2518-0207
傳真號碼：+886-2-2518-0778
網址：http://www.govbooks.com.tw

中國大陸發行　零售：深圳心一堂文化傳播有限公司
深圳地址：深圳市羅湖區立新路六號羅湖商業大厦負一層008室
電話號碼：(86)0755-82224934

版次：二零一七年八月初版，平裝

心一堂微店二維碼　心一堂淘寶店二維碼

定價：港幣　一百三十八元正
　　　新台幣　五百五十元正

國際書號 ISBN 978-988-8317-67-7